Prof. Enos Masheija Rwantale Kiremire

CATEGORIZAÇÃO DOS METALOBORANOS SIMPLIFICADA

Prof. Enos Masheija Rwantale Kiremire

CATEGORIZAÇÃO DOS METALOBORANOS SIMPLIFICADA

ScienciaScripts

Imprint
Any brand names and product names mentioned in this book are subject to trademark, brand or patent protection and are trademarks or registered trademarks of their respective holders. The use of brand names, product names, common names, trade names, product descriptions etc. even without a particular marking in this work is in no way to be construed to mean that such names may be regarded as unrestricted in respect of trademark and brand protection legislation and could thus be used by anyone.

Cover image: www.ingimage.com

This book is a translation from the original published under ISBN 978-3-659-81653-6.

Publisher:
Sciencia Scripts
is a trademark of
Dodo Books Indian Ocean Ltd. and OmniScriptum S.R.L publishing group

120 High Road, East Finchley, London, N2 9ED, United Kingdom
Str. Armeneasca 28/1, office 1, Chisinau MD-2012, Republic of Moldova, Europe
Managing Directors: Ieva Konstantinova, Victoria Ursu
info@omniscriptum.com

Printed at: see last page
ISBN: 978-620-8-35175-5

CATEGORIZAÇÃO DOS METALOBORANOS DE FORMA SIMPLES

RESUMO

Por volta de 2005, surgiu um desejo ardente de compreender a natureza e a constituição dos aglomerados químicos. Assim, foram analisados e categorizados aglomerados como carbonilos metálicos, boranos, hidrocarbonetos, iões zintl, aglomerados dourados e outros. A partir desses estudos, descobriu-se que os elementos do grupo principal seguem a série S=4n+q, onde n= é o número de elementos esqueléticos numa fórmula de cluster e q = valor numérico que especifica o tipo de série de cluster. Por outro lado, verificou-se que os aglomerados de metais de transição seguem a série S=14n+q. Para além disso, as ligações esqueléticas que unem os elementos esqueléticos foram calculadas a partir da equação K=2n-q/2. Uma análise mais profunda dos aglomerados levou à descoberta de um parâmetro muito importante: os electrões de valência dos aglomerados têm a configuração de electrões de valência K*=D C^{zy} em que D^{z} segue a série 14n e C^{y} segue a série 12n e z e y representam o número dos respectivos elementos esqueléticos que, em conjunto, somam n. Ou seja, z+y=n. A partir destas relações, foram derivadas duas equações de valência de grupos mais importantes. Estas são;

VF=VE=18n-2K(metais de transição)

VF=VE=8n-2K(elementos do grupo principal)

VF=VE=14z+2+12y(metais de transição)

VF=VE=4z+2+2y(elementos do grupo principal) e recentemente foram derivadas mais duas extremamente importantes. Estes são apresentados de seguida;

VF-12n=2z+2(metais de transição)

VF-2n= 2z+2(elementos do grupo principal)

O valor de VF pode ser calculado pelo método tradicional bem conhecido a partir da fórmula do agregado e o valor de n também pode ser obtido a partir da fórmula do agregado. Assim, os valores de z e y podem ser prontamente calculados e, por conseguinte, a configuração dos electrões de valência do cluster pode ser obtida como K*=D C^{zy} . As variáveis z e x foram designadas por ÍNDICES DE CAPTAÇÃO e a utilização das equações VF-12n=2z+2 e VF-2n=2z+2 para analisar e categorizar os aglomerados químicos revelou-se extremamente fácil e rápida. Esta nova abordagem é aplicada neste livro.

INTRODUÇÃO

Este livro analisa e categoriza utilizando os índices de nivelamento de clusters. Os índices de nivelamento são derivados da relação $K^*=D\ C^{zy}$ onde z segue a série de 14n clusters enquanto y segue a série de 12n. Conhecendo as relações:

$VF=14z+2+12y$ em que VF representa os electrões de valência tradicionais dos metais de transição,

$VF=4z+2+2y$ para os elementos do grupo principal, e

$n= z+y$ onde n é a soma dos elementos do esqueleto, foram derivadas as seguintes novas relações;

$VF-12n=2z+2$ para os metais de transição e

$VF-2n=2z+2$ para os elementos do grupo principal. Assim, conhecendo VF e n de um grupo, z e, portanto, y podem ser simplesmente calculados.

A TABELA PERIÓDICA COM NÚMEROS ESQUELÉTICOS

Key
element name
atomic number
symbol
skeletal number

1	2	3	4	5	6	7	8	9	10	11	12	13	14	15	16	17	18
hydrogen 1 **H** 0.5																	helium 2 **He** 0
lithium 3 **Li** 3.5	beryllium 4 **Be** 3											boron 5 **B** 2.5	carbon 6 **C** 2	nitrogen 7 **N** 1.5	oxygen 8 **O** 1	fluorine 9 **F** 0.5	neon 10 **Ne** 0
sodium 11 **Na** 3.5	magnesium 12 **Mg** 3											aluminium 13 **Al** 2.5	silicon 14 **Si** 2	phosphorus 15 **P** 1.5	sulphur 16 **S** 1	chlorine 17 **Cl** 0.5	argon 18 **Ar** 0
potassium 19 **K** 3.5	calcium 20 **Ca** 3	scandium 21 **Sc** 7.5	titanium 22 **Ti** 7	vanadium 23 **V** 6.5	chromium 24 **Cr** 6	manganese 25 **Mn** 5.5	iron 26 **Fe** 5	cobalt 27 **Co** 4.5	nickel 28 **Ni** 4	copper 29 **Cu** 3.5	zinc 30 **Zn** 3	gallium 31 **Ga** 2.5	germanium 32 **Ge** 2	arsenic 33 **As** 1.5	selenium 34 **Se** 1	bromine 35 **Br** 0.5	krypton 36 **Kr** 0
rubidium 37 **Rb** 3.5	strontium 38 **Sr** 3	yttrium 39 **Y** 7.5	zirconium 40 **Zr** 7	niobium 41 **Nb** 6.5	molybdenum 42 **Mo** 6	technetium 43 **Tc** 5.5	ruthenium 44 **Ru** 5	rhodium 45 **Rh** 4.5	palladium 46 **Pd** 4	silver 47 **Ag** 3.5	cadmium 48 **Cd** 3	indium 49 **In** 2.5	tin 50 **Sn** 2	antimony 51 **Sb** 1.5	tellurium 52 **Te** 1	iodine 53 **I** 0.5	xenon 54 **Xe** 0
caesium 55 **Cs** 3.5	barium 56 **Ba** 3		hafnium 72 **Hf** 7	tantalum 73 **Ta** 6.5	tungsten 74 **W** 6	rhenium 75 **Re** 5.5	osmium 76 **Os** 5	iridium 77 **Ir** 4.5	platinum 78 **Pt** 4	gold 79 **Au** 3.5	mercury 80 **Hg** 3	thallium 81 **Tl** 2.5	lead 82 **Pb** 2	bismuth 83 **Bi** 1.5	polonium 84 **Po** 1	astatine 85 **At** 0.5	radon 86 **Rn** 0
francium 87 **Fr** 3.5	radium 88 **Ra** 3		rutherfordium 104 **Rf** 7	dubnium 105 **Db** 6.5	seaborgium 106 **Sg** 6	bohrium 107 **Bh** 5.5	hassium 108 **Hs** 5	meitnerium 109 **Mt** 4.5	darmstadtium 110 **Ds** 4	roentgenium 111 **Rg** 3.5	ununbium 112 **Uub** 3						

lanthanum 57 **La** 14.5	cerium 58 **Ce** 14	praseodymium 59 **Pr** 13.5	neodymium 60 **Nd** 13	promethium 61 **Pm** 12.5	samarium 62 **Sm** 12	europium 63 **Eu** 11.5	gadolinium 64 **Gd** 11	terbium 65 **Tb** 10.5	dysprosium 66 **Dy** 10	holmium 67 **Ho** 9.5	erbium 68 **Er** 9	thulium 69 **Tm** 8.5	ytterbium 70 **Yb** 8	lutetium 71 **Lu** 7.5
actinium 89 **Ac** 14.5	thorium 90 **Th** 14	protactinium 91 **Pa** 13.5	uranium 92 **U** 13	neptunium 93 **Np** 12.5	plutonium 94 **Pu** 12	americium 95 **Am** 11.5	curium 96 **Cm** 11	berkelium 97 **Bk** 10.5	californium 98 **Cf** 10	einsteinium 99 **Es** 9.5	fermium 100 **Fm** 9	mendelevium 101 **Md** 8.5	nobelium 102 **No** 8	lawrencium 103 **Lr** 7.5

DERIVAÇÃO DAS EQUAÇÕES DOS ELECTRÕES DE VALÊNCIA DOS AGREGADOS

Inicialmente, descobriu-se que os electrões de valência dos clusters podiam ser obtidos a partir das equações:

VE=4n+q........(i) elementos do grupo principal,

VE=14n +q ....(ii) metais de transição

Descobriu também que

K= 2n-q/2..........(iii)

(iii)x2

2K=4n-q.........(iv)

(i)+(iv), para eliminar q, obtemos

VE+2K=8n.........(v) e, por conseguinte

VE=8n-2K.......(vi) para os elementos do grupo principal e, do mesmo modo, adicionando (ii) e (iv), obtém-se

VE+2K=18n do qual podemos deduzir

VE=18n-2K.........(vii) para metais de transição.

Uma outra equação foi derivada de um estudo cuidadoso das séries químicas e da análise do parâmetro da série de dupla cobertura $K^*=D\ C^{zy}$; D^z segue a série de cobertura de 14n clusters enquanto C^y segue a série de cobertura de 12n Esta equação é dada abaixo:

VE=14z+2+12y. Sabemos que VF=VE e podemos substituir VE por VF da seguinte forma:

VF= 14z+2+12y ....(viii)

Além disso, sabemos que z+y=n ......(ix)

(ix)x12

12n =12z+12y.........(x)

(viii)-(x)

VF-12n=2z+2(metais de transição)

Para os elementos do grupo principal, a equação pode ser derivada da seguinte forma

VF=4z+2+2y........(i)

n=z+y.........(ii)

Multiplicando (ii) x 2, obtemos

2n=2z+2y...........(iii)

(i)-(iii)

VF-2n=2z+2..........(elementos do grupo principal)

Para facilitar a aplicação, estas equações podem ser rearranjadas da seguinte forma;

J=VF-12n e z=J/2-1 para os metais de transição e

J=VF-2n e z=J/2-1 para os elementos do grupo principal.

Tanto VF como n podem ser obtidos a partir da fórmula de agrupamento e, por conseguinte, z pode ser calculado. Se soubermos z, então y pode ser obtido a partir da relação z+y=n. As aplicações da utilização dos NÚMEROS ESQUELÉTICOS ou dos ÍNDICES DE CAPTAÇÃO são ilustradas em alguns exemplos abaixo. Desde então, tem-se verificado que é mais fácil utilizar os índices de nivelamento na análise e categorização de grupos químicos. Na maioria dos casos, verificamos que uma mistura de elementos de transição e elementos do grupo principal estão presentes no mesmo grupo. Nesses casos, VE*=VF-10m, em que m representa o número de metais de transição presentes, é utilizado de modo a utilizar os electrões de valência assumindo que todos os elementos pertencem aos elementos do grupo principal. Esta abordagem será seguida na maioria dos grupos analisados e categorizados neste livro.

N-3

M-1: F=B H_{25} $Fe(CO)_4^{-1}$

n=2+1=3, m=1

VF=28

VE*=VF-10m=28-10(1) =18

J=VE*-2n=18-2(3) =12

z=J/2-1=6-1=5

$K^*=D\ C=D\ C^{zy5-2}$

VE=4z+2+2y+10m=4(5) +2+2(-2) +10(1) =28

K=2z-1+3y=2(5)-1+3(-2)=3

K(n)=3(3)

K=n+t=3+0

VE=8n-2K+10m=8(3)-2(3) +10(1) =28

K=2n-3

S=4n+6

VE=4n+6+10m=4(3)+6+10(1) =28

FB=4n+6=[BH](3)+6H=B H_{39}

Trata-se de um análogo borano do aglomerado.

FC=4n+6=[C](3)+6H =C H_{36}

Este é o análogo hidrocarboneto do cluster.

FCO=14n+6=[Os$(CO)_3$](3)+3CO=Os_3 $(CO)_{12}$

Trata-se de um equivalente análogo de carbonilo de ósmio do aglomerado.

FRh=14n+6=[Rh(CO)2.5](3)+3CO=Rh_3 $(CO)_{10.5}$

Trata-se de um aglomerado de carbonilo de ródio análogo.

K=n+t=3+0

Fe: k=5, V=2k=10; B: k=2,5, V=2k=5

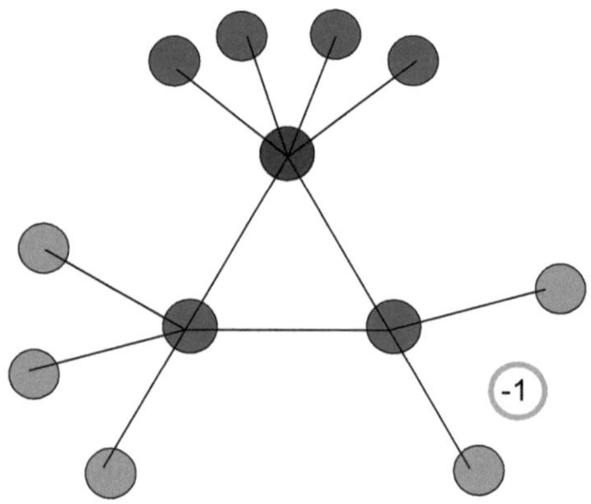

Figura 1.

N-4

M-2: F=B H_{38} $Mn(CO)_4$

n=3+1=4, m=1

VF=32

VE*=VF-10m=32-10(1) =22

J=VE*-2n=22-2(4) =14

z=J/2-1=7-1=6

K*=D C =D C^{zy6-2}

VE=4z+2+2y+10m=4(6) +2+2(-2) +10(1) =32

K=2z-1+3y=2(6)-1+3(-2) =5

K(n)=5(4)

K=n+t=4+1

VE=8n-2K+10m=8(4)-2(5) +10(1) =32

K=2n-3

S=4n+6

VE=4n+6+10m=4(4)+6+10(1) =32

FB=4n+6=[BH](4)+6H=B H_{410}

Trata-se de um análogo borano do aglomerado.

FC=4n+6=[C](4)+6H =C H_{46}

Este é o análogo hidrocarboneto do cluster.

FCO=14n+6=[Os(CO)$_3$](4)+3CO=Os$_4$ (CO)$_{15}$

Trata-se de um equivalente análogo de carbonilo de ósmio do aglomerado.

FRh=14n+6=[Rh(CO)2.5](4)+3CO=Rh$_4$ (CO)$_{13}$

Trata-se de um aglomerado de carbonilo de ródio análogo.

K=n+t=4+1

Mn: k=5,5, V=2k=11; B: k=2,5, V=2k=5

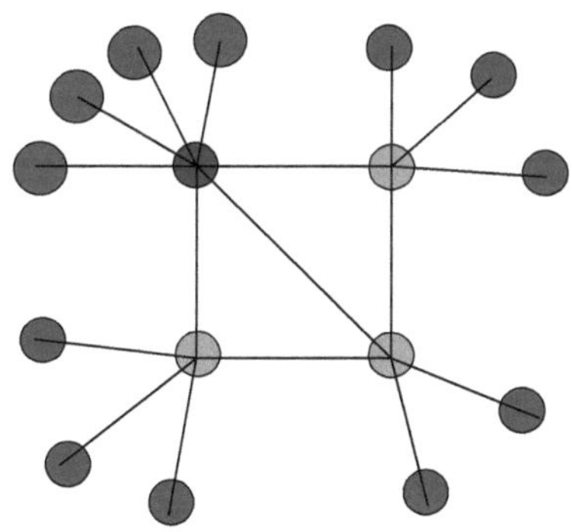

Figura 2.

M-3: F=B H_{38} Mn(CO)$_4$

n=3+1=4, m=1

VF=32

VE*=VF-10m=32-10(1) =22

J=VE*-2n=22-2(4)=14

z=J/2-1=7-1=6

K*=D C =D C^{zy6-2}

VE=4z+2+2y+10m=4(6) +2+2(-2) +10(1) =32

K=2z-1+3y=2(6)-1+3(-2) =5

K(n)=5(4)

K=n+t=4+1

VE=8n-2K+10m=8(4)-2(5) +10(1) =32

K=2n-3

S=4n+6+10m=4(4) +6+10=32

FB=4n+6=[BH](4)+6H=B H_{410}

Trata-se de um análogo borano do aglomerado.

FC=4n+6=[C](4) +6H=C H_{46}

Este é o análogo hidrocarboneto do cluster.

FCO=14n+6=[Os$(CO)_3$](4)+3CO=Os_4 $(CO)_{15}$

Trata-se de um equivalente análogo de carbonilo de ósmio do aglomerado.

FRh=14n+6=[Rh(CO)2.5](4)+3CO=Rh_4 $(CO)_{13}$

Trata-se de um aglomerado de carbonilo de ródio análogo.

K=n+t=4+1

B: k=2,5, V=2k=5; Mn: k=5,5, V=2k=11

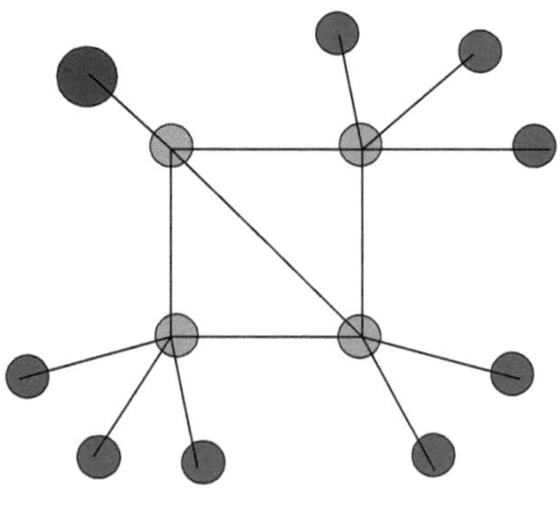

Figura 3.

M-4: $F=B\ H_{38}\ Mn(CO)_3$

$n=3+1=4,\ m=1$

$VF=30$

$VE^*=VF-10m=30-10(1)=20$

$J=VE^*-2n=20-2(4)=12$

$z=J/2-1=6-1=5$

$K^*=D\ C=D\ C^{zy5-1}$

$VE=4z+2+2y+10m=4(5)+2+2(-1)+10(1)=30$

$K=2z-1+3y=2(5)-1+3(-1)=6$

$K(n)=6(4)$

$K=n+t=4+2$

$VE=8n-2K+10m=8(4)-2(6)+10(1)=30$

$K=2n-2$

$S=4n+4+10m=4(4)+4+10=30$

$FB=4n+4=[BH](4)+4H=B\ H_{48}$

Trata-se de um análogo borano do aglomerado.

$FC=4n+4=[C](4)+4H=C\ H_{44}$

Este é o análogo hidrocarboneto do cluster.

$FCO=14n+4=[Os(CO)_3](4)+2CO=Os_4\ (CO)_{14}$

Trata-se de um equivalente análogo de carbonilo de ósmio do aglomerado.

$FRh=14n+4=[Rh(CO)2.5](4)+2CO=Rh_4\ (CO)_{12}$

Trata-se de um aglomerado de carbonilo de ródio análogo.

$K=n+t=4+2$

B: k=2,5, V=2k=5; Mn: k=5,5, V=2k=11

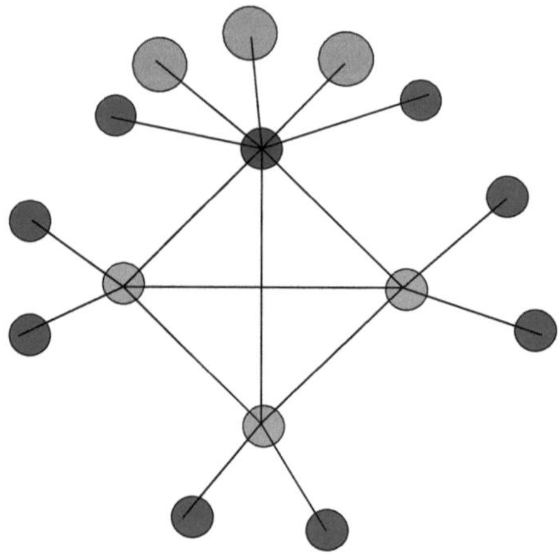

Figura 4.

M-5: $F=B\ H\ PtL_{372}$

$n=3+1=4,\ m=1$

$VF=30$

$VE^{*}=VF-10m=30-10(1)=20$

$J=VE^{*}-2n=20-2(4)=12$

$z=J/2-1=6-1=5$

$K^{*}=D\ C=D\ C^{zy5-1}$

$VE=4z+2+2y+10m=4(5)+2+2(-1)+10(1)=30$

$K=2z-1+3y=2(5)-1+3(-1)=6$

$K(n)=6(4)$

$K=n+t=4+2$

$VE=8n-2K+10m=8(4)-2(6)+10(1)=30$

$K=2n-2$

$S=4n+4$

$VE=4n+4+10m=4(4)+4+10(1)=30$

$FB=4n+4=[BH](4)+4H=B\ H_{48}$

Trata-se de um análogo borano do aglomerado.

FC=4n-4=[C](12)-4H =C_{12}^{4+}

Este é o análogo hidrocarboneto do cluster.

FCO=14n+4=[Os(CO)$_3$](4)+2CO=Os_4 $(CO)_{14}$

Trata-se de um equivalente análogo de carbonilo de ósmio do aglomerado.

FRh=14n+4=[Rh(CO)2.5](4)+2CO=Rh_4 $(CO)_{12}$

Trata-se de um aglomerado de carbonilo de ródio análogo.

K=n+t=4+2

Pt: k=4, V=2k=8; B: k=2,5, V=2k=5

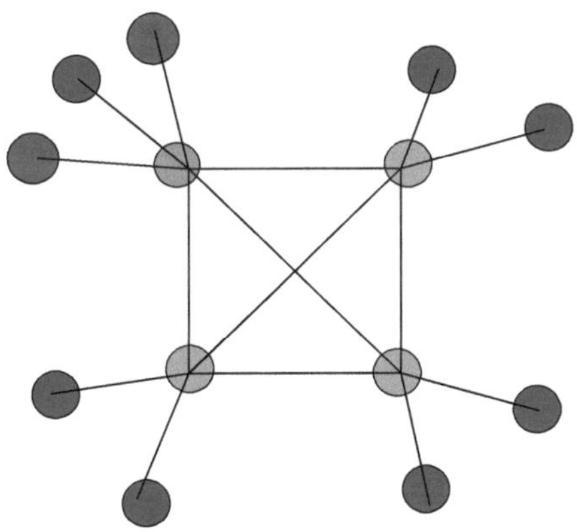

Figura 5.

M-6: F=B H_{38} CuL_2

n=3+1=4, m=1

VF=32

VE*=VF-10m=32-10(1) =22

J=VE*-2n=22-2(4) =14

z=J/2-1=7-1=6

K*=D C =D C^{zy6-2}

$VE=4z+2+2y+10m=4(6)+2+2(-2)+10(1)=32$

$K=2z-1+3y=2(6)-1+3(-2)=5$

$K(n)=5(4)$

$K=n+t=4+1$

$VE=8n-2K+10m=8(4)-2(5)+10(1)=32$

$K=2n-3$

$S=4n+6+10m=4(4)+6+10=32$

$FB=4n+6=[BH](4)+6H=B\ H_{410}$

Trata-se de um análogo borano do aglomerado.

$FC=4n+6=[C](4)+6H=C\ H_{46}$

Este é o análogo hidrocarboneto do cluster.

$FCO=14n+6=[Os(CO)_3](4)+3CO=Os_4(CO)_{15}$

Trata-se de um equivalente análogo de carbonilo de ósmio do aglomerado.

$FRh=14n+6=[Rh(CO)2.5](4)+3CO=Rh_4(CO)_{13}$

Trata-se de um aglomerado de carbonilo de ródio análogo.

$K=n+t=4+1$

B: k=2,5, V=2k=5; Cu: k=3,5, V=2k=7

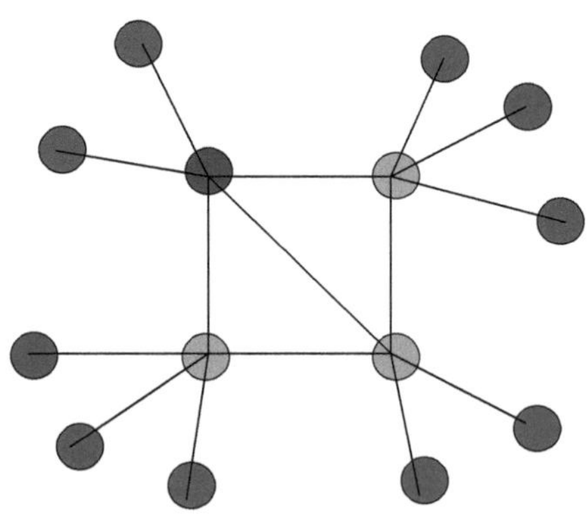

Figura 6.

N-5

M-7: F=B H_{39} $(RuCp^*)_2$

n=3+2=5, m=2

VF=44

VE*=VF-10m=44-10(2) =24

J=VE*-2n=24-2(5)=14

z=J/2-1=7-1=6

K*=D C =D C^{zy6-1}

VE=4z+2+2y+10m=4(6) +2+2(-1) +10(2) =44

K=2z-1+3y=2(6)-1+3(-1) =8

K(n)=8(5)

K=n+t=5+3

VE=8n-2K+10m=8(5)-2(8) +10(2) =44

K=2n-2

S=4n+4+10m=4(5) +4+20=44

FB=4n+4=[BH](5)+4H=B H_{59}

Trata-se de um análogo borano do aglomerado.

FC=4n+4=[C](5) +4H=C H_{54}

Este é o análogo hidrocarboneto do cluster.

FCO=14n+4=[$Os(CO)_3$](5)+2CO=Os_5 $(CO)_{17}$

Trata-se de um equivalente análogo de carbonilo de ósmio do aglomerado.

FRh=14n+4=[Rh(CO)2.5](5)+2CO=Rh_5 $(CO)_{14.5}$

Trata-se de um aglomerado de carbonilo de ródio análogo.

K=n+t=5+3

B: k=2,5, V=2k=5; Ru: k=5, V=2k=10

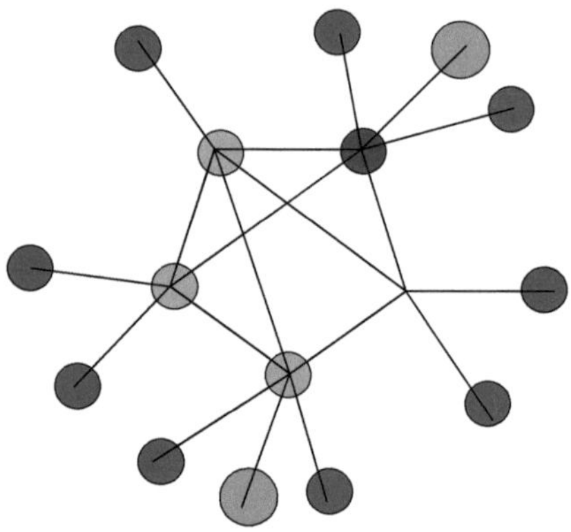

Figura 7.

M-8: F=B H_{48} $Fe(CO)_3$

n=4+1=5, m=1

VF=34

VE*=VF-10m=34-10(1) =24

J=VE*-2n=24-2(5) =14

z=J/2-1=7-1=6

K*=D C =D C^{zy6-1}

VE=4z+2+2y+10m=4(6) +2+2(-1) +10(1) =34

K=2z-1+3y=2(6)-1+3(-1) =8

K(n)=8(5)

K=n+t=5+3

VE=8n-2K+10m=8(5)-2(8) +10(1) =34

K=2n-2

S=4n+4+10m=4(5) +4+10=34

FB=4n+4=[BH](5)+4H=B H_{59}

Trata-se de um análogo borano do aglomerado.

FC=4n+4=[C](5) +4H=C H_{54}

Este é o análogo hidrocarboneto do cluster.

$FCO=14n+4=[Os(CO)_3](5)+2CO=Os_5(CO)_{17}$

Trata-se de um equivalente análogo de carbonilo de ósmio do aglomerado.

$FRh=14n+4=[Rh(CO)2.5](5)+2CO=Rh_5(CO)_{14.5}$

Trata-se de um aglomerado de carbonilo de ródio análogo.

K=n+t=5+3

B: k=2,5, V=2k=5; Fe: k=5, V=2k=10

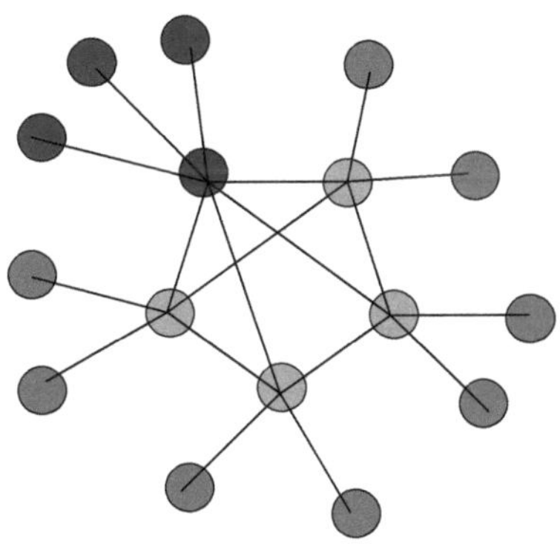

Figura 8.

M-9: $F=B\ H_{48}(CoCp)$

n=4+1=5, m=1

VF=34

VE*=VF-10m=34-10(1) =24

J=VE*-2n=24-2(5) =14

z=J/2-1=7-1=6

$K^*=D\ C=D\ C^{zy6-1}$

VE=4z+2+2y+10m=4(6) +2+2(-1) +10(1) =34

K=2z-1+3y=2(6)-1+3(-1) =8

K(n)=8(5)

K=n+t=5+3

VE=8n-2K+10m=8(5)-2(8) +10(1) =34

K=2n-2

S=4n+4+10m=4(5) +4+10=34

FB=4n+4=[BH](5)+4H=B H_{59}

Trata-se de um análogo borano do aglomerado.

FC=4n+4=[C](5) +4H=C H_{54}

Este é o análogo hidrocarboneto do cluster.

FCO=14n+4=[Os(CO)$_3$](5)+2CO=Os$_5$ (CO)$_{17}$

Trata-se de um equivalente análogo ao carbonilo de ósmio do aglomerado.

FRh=14n+4=[Rh(CO)2.5](5)+2CO=Rh$_5$ (CO)$_{14.5}$

Trata-se de um aglomerado de carbonilo de ródio análogo.

K=n+t=5+3

B: k=2,5, V=2k=5; Co: k=4,5, V=2k=9

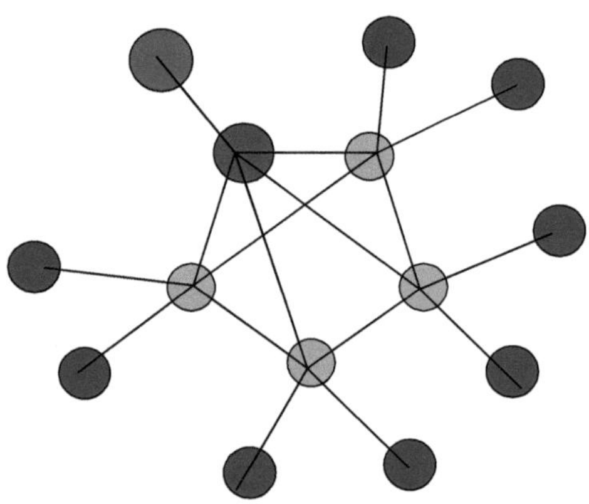

Figura 9.

M-10: F=B H_{48} (CoCp)

n=4+1=5, m=1

VF=34

VE*=VF-10m=34-10(1) =24

J=VE*-2n=24-2(5) =14

z=J/2-1=7-1=6

K*=D C =D C^{zy6-1}

VE=4z+2+2y+10m=4(6) +2+2(-1) +10(1) =34

K=2z-1+3y=2(6)-1+3(-1) =8

K(n)=8(5)

K=n+t=5+3

VE=8n-2K+10m=8(5)-2(8) +10(1) =34

K=2n-2

S=4n+4+10m=4(5) +4+10=34

FB=4n+4=[BH](5)+4H=B H_{59}

Trata-se de um análogo borano do aglomerado.

FC=4n+4=[C](5) +4H=C H_{54}

Este é o análogo hidrocarboneto do cluster.

FCO=14n+4=[Os$(CO)_3$](5)+2CO=Os_5 $(CO)_{17}$

Trata-se de um equivalente análogo ao carbonilo de ósmio do aglomerado.

FRh=14n+4=[Rh(CO)2.5](5)+2CO=Rh_5 $(CO)_{14.5}$

Trata-se de um aglomerado de carbonilo de ródio análogo.

K=n+t=5+3

B: k=2,5, V=2k=5; Co: k=4,5, V=2k=9

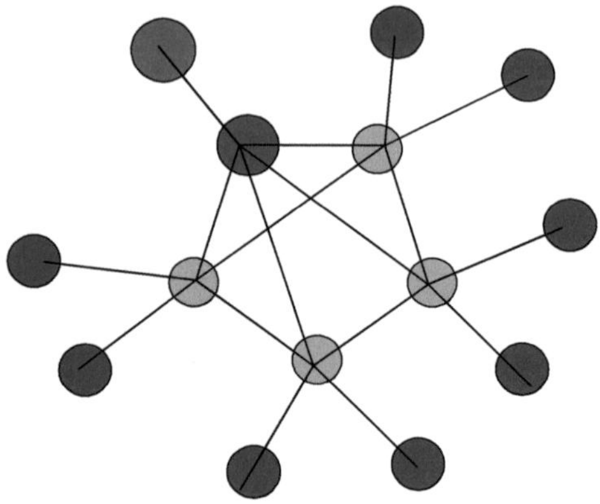

Figura 10.

M-11: F=$(C_p\ Fe)B\ H_{411}$

n=1+4=5, m=1

VF=36

VE*=VF-10m=36-10(1) =26

J=VE*-2n=26-2(5) =16

z=J/2-1=8-1=7

K*=D C =D $\mathbf{C^{zy7-2}}$

VE=4z+2+2y+10m=4(7) +2+2(-2) +10(1) =36

K=2z-1+3y=2(7)-1+3(-2) =7

K(n)=7(5)

K=n+t=5+2

VE=8n-2K+10m=8(5)-2(7) +10(1) =36

K=2n-3

S=4n+6+10m=4(5)+6+10(1) =36

FB=4n+6=[BH](5)+6H=$B\ H_{511}$

Trata-se de um análogo borano do aglomerado.

$FC=4n+6=[C](5)+6H=C\ H_{56}$

Este é o análogo hidrocarboneto do cluster.

$FCO=14n+6=[Os(CO)_3](5)+3CO=Os_5\ (CO)_{18}$

Trata-se de um equivalente análogo de carbonilo de ósmio do aglomerado.

$FRh=14n+6=[Rh(CO)2.5](5)+3CO=Rh_5\ (CO)_{15.5}$

Trata-se de um aglomerado de carbonilo de ródio análogo.

K=n+t=5+2

Fe: k=5, V=2k=10; B: k=2,5, V=2k=5

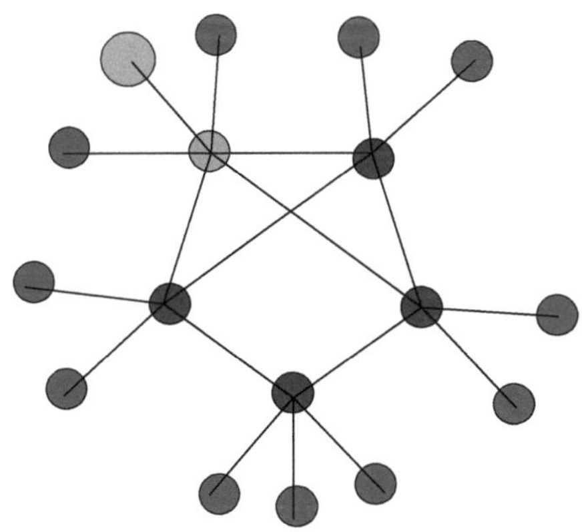

Figura 11.

M-12: $F=C\ H_{44}\ Fe(CO)_3$

n=4+1=5, m=1

VF=34

VE*=VF-10m=34-10(1) =24

J=VE*-2n=24-2(5) =14

z=J/2-1=7-1=6

K*=D C =D C^{zy6-1}

VE=4z+2+2y+10m=4(6) +2+2(-1) +10(1) =34

$K=2z-1+3y=2(6)-1+3(-1)=8$

$K(n)=8(5)$

$K=n+t=5+3$

$VE=8n-2K+10m=8(5)-2(8)+10(1)=34$

$K=2n-2$

$S=4n+4+10m=4(5)+4+10=34$

$FB=4n+4=[BH](5)+4H=B\ H_{59}$

Trata-se de um análogo borano do aglomerado.

$FC=4n+4=[C](5)+4H=C\ H_{54}$

Este é o análogo hidrocarboneto do cluster.

$FCO=14n+4=[Os(CO)_3](5)+2CO=Os_5\ (CO)_{17}$

Trata-se de um equivalente análogo ao carbonilo de ósmio do aglomerado.

$FRh=14n+4=[Rh(CO)2.5](5)+2CO=Rh_5\ (CO)_{14.5}$

Trata-se de um aglomerado de carbonilo de ródio análogo.

$K=n+t=5+3$

C: $k=2$, $V=2k=4$; Fe: $k=5$, $V=2k=10$

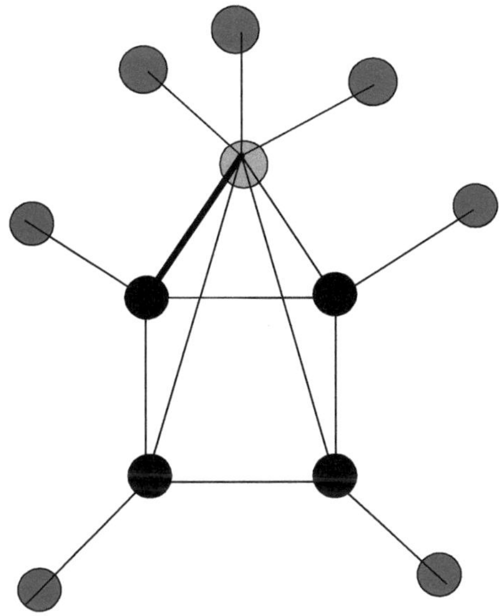

Figura 12.

M-13: F=B H_{46} CoCp

n=4+1=5, m=1

VF=32

VE*=VF-10m=32-10(1) =22

J=VE*-2n=22-2(5) =12

z=J/2-1=6-1=5

K*=D C =D C^{zy50}

VE=4z+2+2y+10m=4(5) +2+2(0) +10(1) =32

K=2z-1+3y=2(5)-1+3(0) =9

K(n)=9(5)

K=n+t=5+4

VE=8n-2K+10m=8(5)-2(9) +10(1) =32

K=2n-1

$S=4n+2+10m=4(5)+2+10=32$

$FB=4n+2=[BH](5)+2H=B\ H=B\ H_{5755}^{2-}$

Trata-se de um análogo borano do aglomerado.

$FC=4n+2=[C](5)+2H=C\ H_{52}$

Este é o análogo hidrocarboneto do cluster.

$FCO=14n+2=[Os(CO)_3](5)+1CO=Os_5(CO)_{16}$

Trata-se de um equivalente análogo de carbonilo de ósmio do aglomerado.

$FRh=14n+2=[Rh(CO)2.5](5)+1CO=Rh_5(CO)_{13.5}$

Trata-se de um aglomerado de carbonilo de ródio análogo.

$K=n+t=5+4$

Co: k=4,5, V=2k=9; B: k=2,5, V=2k=5

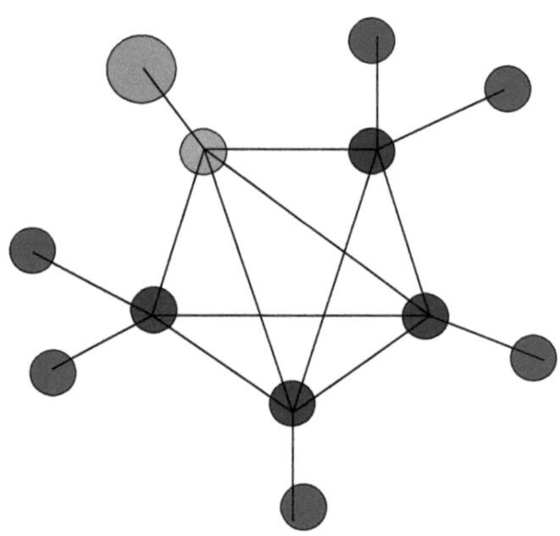

Figura 13.

N-6

M-14: $F=B\ H_{58}\ FeCp(CO)_2$

$n=5+1=6$, $m=1$

$VF=40$

$VE^*=VF-10m=40-10(1)=30$

$J=VE^*-2n=30-2(6)=18$

$z=J/2-1=9-1=8$

$K^*=D\ C=D\ C^{zy8-2}$

$VE=4z+2+2y+10m=4(8)+2+2(-2)+10(1)=40$

$K=2z-1+3y=2(8)-1+3(-2)=9$

$K(n)=9(6)$

$K=n+t=6+3$

$VE=8n-2K+10m=8(6)-2(9)+10(1)=40$

$K=2n-3$

$S=4n+6+10m=4(6)+6+10=40$

$K=n+t=6+3$

B: k=2,5, V=2k=5; Fe: k=5, V=2k=10

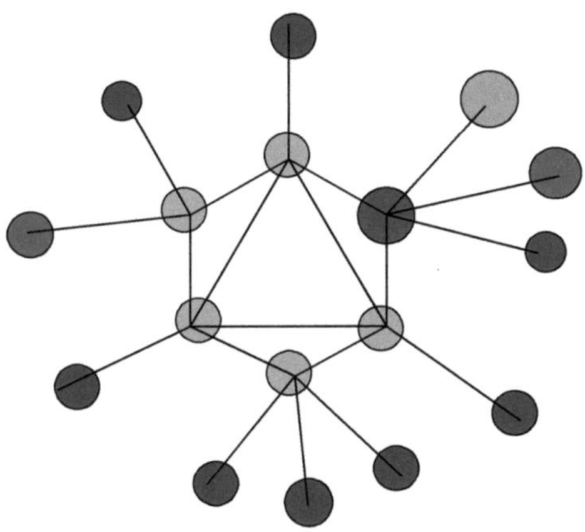

Figura 14.

$FB=4n+6=[BH](6)+6H=B\ H_{612}$

Trata-se de um análogo borano do aglomerado.

$FC=4n+6=[C](6)+6H=C\ H_{66}$

Este é o análogo hidrocarboneto do cluster.

FCO=14n+6=[Os(CO)$_3$](6)+3CO=Os$_6$ (CO)$_{21}$

Trata-se de um equivalente análogo ao carbonilo de ósmio do aglomerado.

FRh=14n+6=[Rh(CO)2.5](6)+3CO=Rh$_6$ (CO)$_{18}$

Trata-se de um aglomerado de carbonilo de ródio análogo.

M-15: F=C B H$_{235}$ Fe(CO)$_3$

n=2+3+1=6, m=1

VF=36

VE*=VF-10m=36-10(1) =26

J=VE*-2n=26-2(6)=14

z=J/2-1=7-1=6

K*=D C =D C^{zy60}

VE=4z+2+2y+10m=4(6) +2+2(0) +10(1) =36

K=2z-1+3y=2(6)-1+3(0) =11

K(n)=11(6)

K=n+t=6+5

VE=8n-2K+10m=8(6)-2(11) +10(1) =36

K=2n-1

S=4n+2+10m=4(6) +2+10=36

K=n+t=6+5

B: k=2,5, V=2k=5; Fe: k=5, V=2k=10;

C: k=2, V=4

FB=4n+2=[BH](6)+2H=B H$_{66}^{2-}$

Trata-se de um análogo borano do aglomerado.

FC=4n+2=[C](6) +2H=C H$_{62}$

Este é o análogo hidrocarboneto do cluster.

FCO=14n+2=[Os(CO)$_3$](6)+1CO=Os$_6$ (CO)$_{18}^{2-}$

Trata-se de um equivalente análogo ao carbonilo de ósmio do aglomerado.

FRh=14n+2=[Rh(CO)2.5](6)+1CO=Rh_6 $(CO)_{16}$

Trata-se de um aglomerado de carbonilo de ródio análogo.

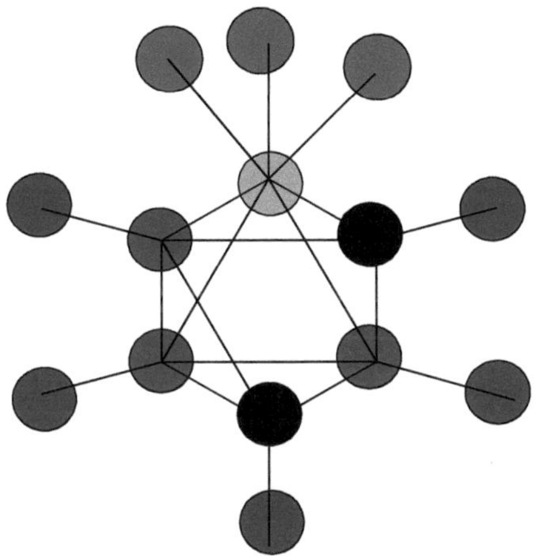

Figura 15.

M-16: F=B H_{58} CuL_2

n=5+1=6, m=1

VF=38

VE*=VF-10m=38-10(1) =28

J=VE*-2n=28-2(6) =16

z=J/2-1=8-1=7

K*=D C =D C^{zy7-1}

VE=4z+2+2y+10m=4(7) +2+2(-1) +10(1) =38

K=2z-1+3y=2(7)-1+3(-1) =10

K(n)=10(6)

K=n+t=6+4

VE=8n-2K+10m=8(6)-2(10) +10(1) =38

K=2n-2

S=4n+4+10m=4(6) +4+10=38

K=n+t=6+4

B: k=2,5, V=2k=5; Cu: k=3,5, V=2k=7

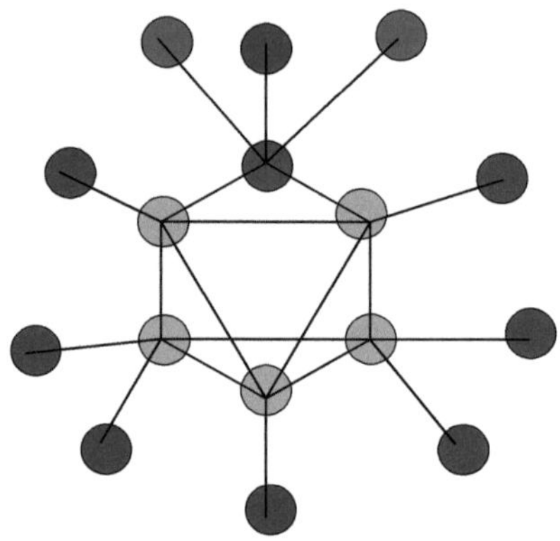

Figura 16.

FB=4n+4=[BH](6)+4H=B H_{610}

Trata-se de um análogo borano do aglomerado.

FC=4n+4=[C](6) +4H=C H_{64}

Este é o análogo hidrocarboneto do cluster.

FCO=14n+4=[Os(CO)$_3$](6)+2CO=Os$_6$ (CO)$_{20}$

Trata-se de um equivalente análogo de carbonilo de ósmio do aglomerado.

FRh=14n+4=[Rh(CO)2.5](6)+2CO=Rh$_6$ (CO)$_{17}$

Trata-se de um aglomerado de carbonilo de ródio análogo.

M-17: F=B H_{58} CuL_2

$n=5+1=6$, $m=1$

$VF=38$

$VE^*=VF-10m=38-10(1)=28$

$J=VE^*-2n=28-2(6)=16$

$z=J/2-1=8-1=7$

$K^*=D\ C=D\ C^{zy7-1}$

$VE=4z+2+2y+10m=4(7)+2+2(-1)+10(1)=38$

$K=2z-1+3y=2(7)-1+3(-1)=10$

$K(n)=10(6)$

$K=n+t=6+4$

$VE=8n-2K+10m=8(6)-2(10)+10(1)=38$

$K=2n-2$

$S=4n+4+10m=4(6)+4+10=38$

$K=n+t=6+4$

B: k=2,5, V=2k=5; Cu: k=3,5, V=2k=7

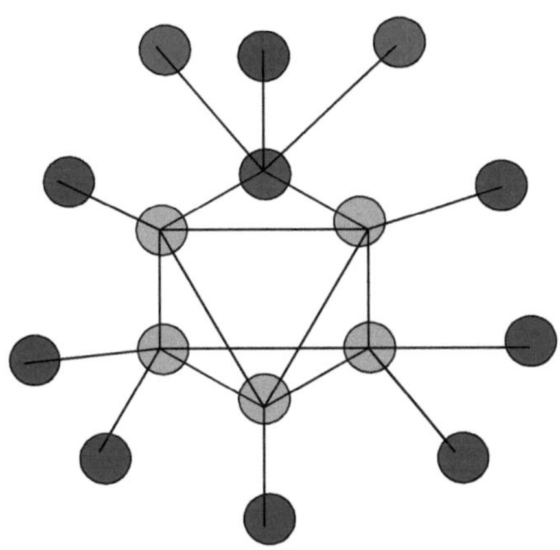

Figura 17.

$FB=4n+4=[BH](6)+4H=B\ H_{610}$

Trata-se de um análogo borano do aglomerado.

FC=4n+4=[C](6) +4H=C H_{64}

Este é o análogo hidrocarboneto do cluster.

FCO=14n+4=[Os(CO)$_3$](6)+2CO=Os$_6$ (CO)$_{20}$

Trata-se de um equivalente análogo ao carbonilo de ósmio do aglomerado.

FRh=14n+4=[Rh(CO)2.5](6)+2CO=Rh$_6$ (CO)$_{17}$

Trata-se de um aglomerado de carbonilo de ródio análogo.

M-18: F=(C$_p$ *Ir) B H_{248}

n=2+4=6, m=2

VF=48

VE*=VF-10m=48-10(2) =28

J=VE*-2n=28-2(6) =16

z=J/2-1=8-1=7

K*=D C =D C^{zy7-1}

VE=4z+2+2y+10m=4(7) +2+2(-1) +10(2) =48

K=2z-1+3y=2(7)-1+3(-1) =10

K(n)=10(6)

K=n+t=6+4

VE=8n-2K+10m=8(6)-2(10) +10(2) =48

K=2n-2

S=4n+4+10m=4(6)+4+10(2) =48

FB=4n+4=[BH](6)+4H=B H_{610}

Trata-se de um análogo borano do aglomerado.

FC=4n+4=[C](6)+4H=C H_{64}

Este é o análogo hidrocarboneto do cluster.

FCO=14n+4=[Os(CO)$_3$](6)+2CO=Os$_6$ (CO)$_{20}$

Trata-se de um equivalente análogo de carbonilo de ósmio do aglomerado.

FRh=14n+4=[Rh(CO)2.5](6)+2CO=Rh_6 $(CO)_{17}$

Trata-se de um aglomerado de carbonilo de ródio análogo.

K=n+t=6+4

Ir: k=4,5, V=2k=9; B: k=2,5, V=2k=5

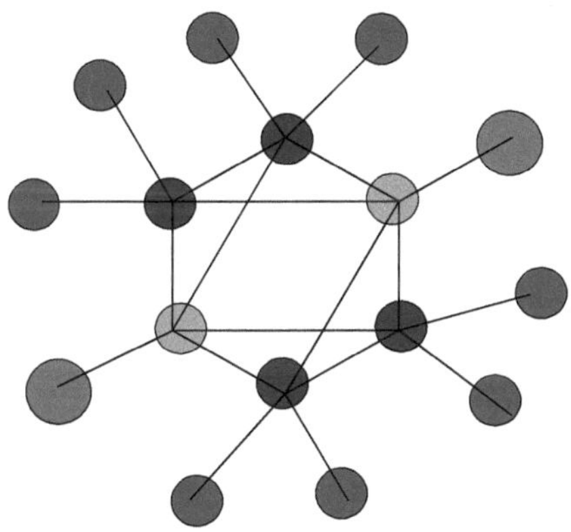

Figura 18.

M-19: F=B H_{410} $(Cp^*Ru)_2$

n=4+2=6, m=2

VF=48

VE*=VF-10m=48-10(2) =28

J=VE*-2n=28-2(6) =16

z=J/2-1=8-1=7

K*=D C =D C^{zy7-1}

VE=4z+2+2y+10m=4(7) +2+2(-1) +10(2) =48

K=2z-1+3y=2(7)-1+3(-1) =10

K(n)=10(6)

K=n+t=6+4

VE=8n-2K+10m=8(6)-2(10) +10(2) =48

K=2n-2

S=4n+4+10m=4(6) +4+20=48

K=n+t=6+4

B: k=2,5, V=2k=5; Ru: k=5, V=2k=10

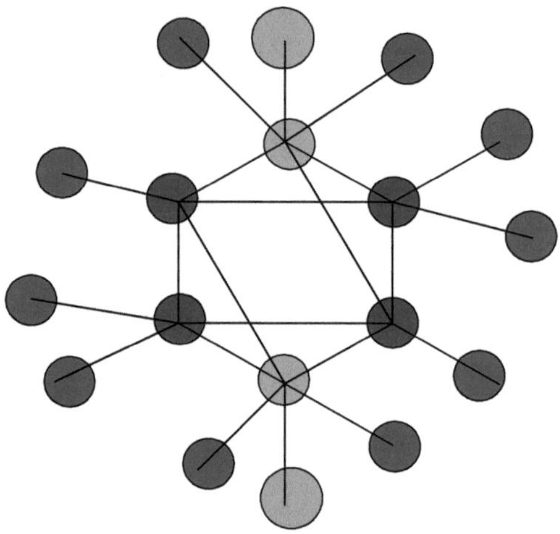

Figura 19.

FB=4n+4=[BH](6)+4H=B H_{610}

Trata-se de um análogo borano do aglomerado.

FC=4n+4=[C](6) +4H=C H_{64}

Este é o análogo hidrocarboneto do cluster.

FCO=14n+4=[Os(CO)$_3$](6)+2CO=Os_6 $(CO)_{20}$

Trata-se de um equivalente análogo ao carbonilo de ósmio do aglomerado.

FRh=14n+4=[Rh(CO)2.5](6)+2CO=Rh_6 $(CO)_{17}$

Trata-se de um aglomerado de carbonilo de ródio análogo.

M-20: F=C B H_{235} Fe(CO)$_3$

n=2+3+1=6, m=1

VF=36

VE*=VF-10m=36-10(1) =26

J=VE*-2n=26-2(6) =14

z=J/2-1=7-1=6

K*=D C =D C^{zy60}

VE=4z+2+2y+10m=4(6) +2+2(0) +10(1) =36

K=2z-1+3y=2(6)-1+3(0) =11

K(n)=11(6)

K=n+t=6+5

VE=8n-2K+10m=8(6)-2(11) +10(1) =36

K=2n-1

S=4n+2

VE=4n+2+10m=4(6)+2+10(1) =36

FB=4n+2=[BH](6)+2H=B H_{68}

Trata-se de um análogo borano do aglomerado.

FC=4n+2=[C](6)+2H =C H_{62}

Este é o análogo hidrocarboneto do cluster.

FCO=14n+2=[Os(CO)$_3$](6)+1CO=Os_6 $(CO)_{19}$

Trata-se de um equivalente análogo ao carbonilo de ósmio do aglomerado.

FRh=14n+2=[Rh(CO)2.5](6)+1CO=Rh_6 $(CO)_{16}$

Trata-se de um aglomerado de carbonilo de ródio análogo.

K=n+t=6+5

Fe: k=5, V=2k=10; B: k=2,5, V=2k=5; C: k=2, V=2k=4

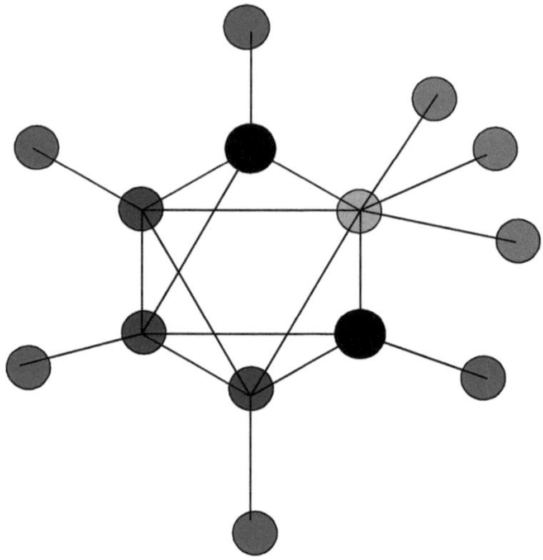

Figura 20.

M-21: F=B H_{58} $Mn(CO)_5$

n=5+1=6, m=1

VF=40

VE*=VF-10m=40-10(1)=30

J=VE*-2n=30-2(6) =18

z=J/2-1=9-1=8

K*=D C =D C^{zy8-2}

VE=4z+2+2y+10m=4(8) +2+2(-2)+10(1) =40

K=2z-1+3y=2(8)-1+3(-2) =9

K(n)=9(6)

K=n+t=6+3

VE=8n-2K+10m=8(6)-2(9)+10(1)=40

K=2n-3

S=4n+6

VE=4n+6+10m=4(6) +6+10(1) =40

FB=4n+6=[BH](6)+6H=B H_{612}

Trata-se de um análogo borano do aglomerado.

FC=4n+6=[C](6) +6H =C H_{66}

Este é o análogo hidrocarboneto do cluster.

FCO=14n+6=[Os(CO)$_3$](6)+3CO=Os$_6$ (CO)$_{21}$

Trata-se de um equivalente análogo ao carbonilo de ósmio do aglomerado.

FRh=14n+6=[Rh(CO)2.5](6)+3CO=Rh$_6$ (CO)$_{18}$

Trata-se de um aglomerado de carbonilo de ródio análogo.

K=n+t=6+3

Mn: k=5,5, V=2k=11; B: k=2,5, V=2k=5

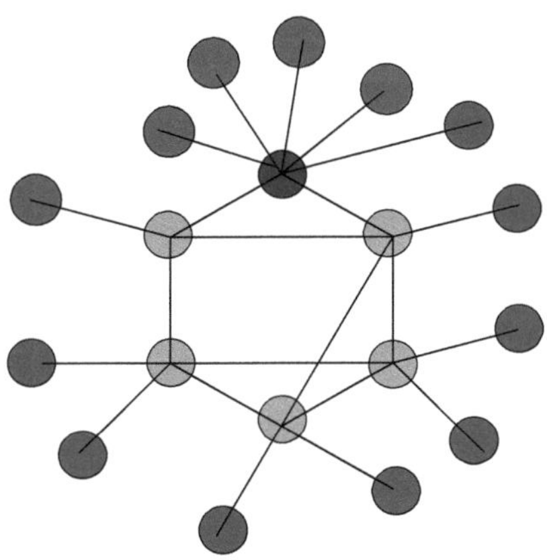

Figura 21.

N-7

M-22: F=C B H_{235} [Fe(CO) $]_{32}$

n=2+3+2=7, m=2

VF=50

VE*=VF-10m=50-10(2) =30

J=VE*-2n=30-2(7) =16

z=J/2-1=8-1=7

K*=D C =D C^{zy70}

VE=4z+2+2y+10m=4(7) +2+2(0) +10(2) =50

K=2z-1+3y=2(7)-1+3(0) =13

K(n)=13(7)

K=n+t=7+6

VE=8n-2K+10m=8(7)-2(13) +10(2) =50

K=2n-1

S=4n+2

VE=4n+2+10m=4(7)+2+10(2) =50

FB=4n+2=[BH](7)+2H=B H_{79}

Trata-se de um análogo borano do aglomerado.

FC=4n+2=[C](7)+2H =C H_{72}

Este é o análogo hidrocarboneto do cluster.

FCO=14n+2=[Os(CO)$_3$](7)+1CO=Os$_7$ (CO)$_{22}$

Trata-se de um equivalente análogo ao carbonilo de ósmio do aglomerado.

FRh=14n+2=[Rh(CO)2.5](7)+1CO=Rh$_6$ (CO)$_{18.5}$

Trata-se de um aglomerado de carbonilo de ródio análogo.

K=n+t=7+6

Fe: k=5, V=2k=10; B: k=2,5, V=2k=5; C: k=2, V=2k=4

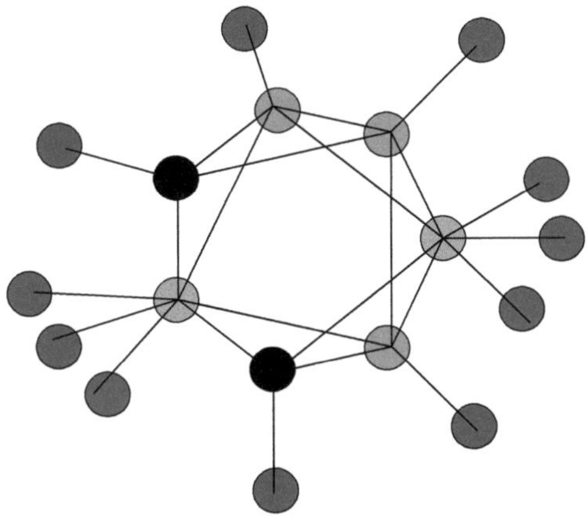

Figura 22.

M-23: F=B H_{59} $(CpW)_2$

n=5+2=7, m=2

VF=46

VE*=VF-10m=46-10(2) =26

J=VE*-2n=26-2(7) =12

z=J/2-1=6-1=5

K*=D C =D C^{zy52}

VE=4z+2+2y+10m=4(5) +2+2(2) +10(2) =46

K=2z-1+3y=2(5)-1+3(2) =15

K(n)=15(7)

K=n+t=7+8

VE=8n-2K+10m=8(7)-2(15) +10(2) =46

K=2n+1

S=4n-2+10m=4(7) -2+20=46

K=n+t=7+8

B: k=2,5, V=2k=5; W: k=6, V=2k=12

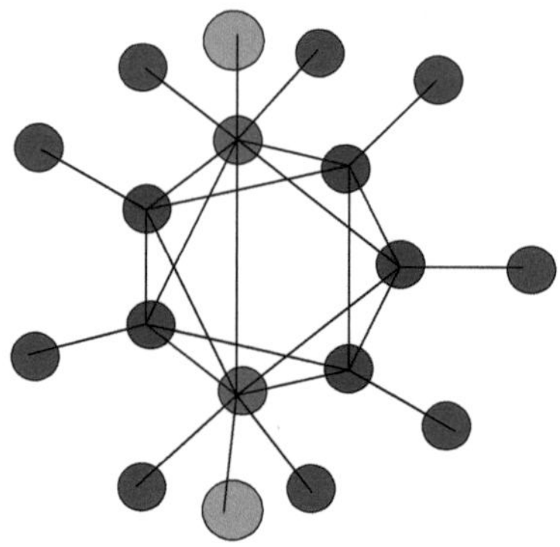

Figura 23.

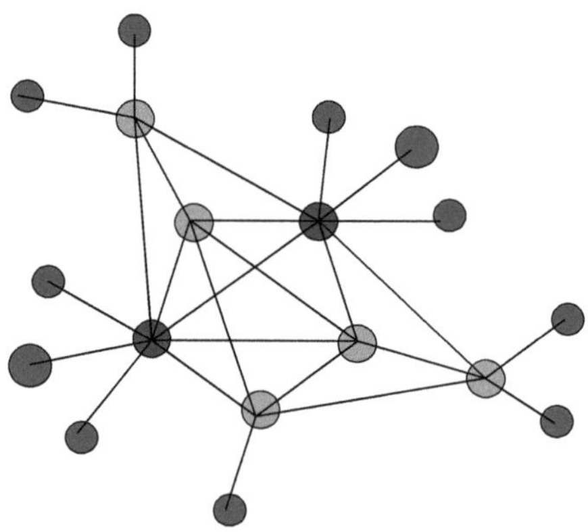

Figura 24.

FB=4n-2=[BH](7)-2H=B H_{75}

Trata-se de um análogo borano do aglomerado.

FC=4n-2=[C](6) -2H=C_6^{2+}

Este é o análogo hidrocarboneto do cluster.

FCO=14n-2=[Os$(CO)_3$](7)-1CO=Os_7 $(CO)_{20}$

Trata-se de um equivalente análogo ao carbonilo de ósmio do aglomerado.

$FRh=14n-2=[Rh(CO)2.5](7)-1CO=Rh_7\ (CO)_{16.5}$

Trata-se de um aglomerado de carbonilo de ródio análogo.

M-24: $F=B\ H_{610}\ Fe(CO)_4$

n=6+1=7, m=1

VF=44

VE*=VF-10m=44-10(1) =34

J=VE*-2n=34-2(7) =20

z=J/2-1=10-1=9

$K^*=D\ C\ =D\ C^{zy9-2}$

VE=4z+2+2y+10m=4(9) +2+2(-2) +10(1) =44

K=2z-1+3y=2(9)-1+3(-2) =11

K(n)=11(7)

K=n+t=7+4

VE=8n-2K+10m=8(7)-2(11) +10(1) =44

K=2n-3

S=4n+6

VE=4n+6+10m=4(7) +6+10(1) =44

$FB=4n+6=[BH](7)+6H=B\ H_{713}$

Trata-se de um análogo borano do aglomerado.

$FC=4n+6=[C](7) +6H =C\ H_{76}$

Este é o análogo hidrocarboneto do cluster.

$FCO=14n+6=[Os(CO)_3\ ](7)+3CO=Os_7\ (CO)_{24}$

Trata-se de um equivalente análogo ao carbonilo de ósmio do aglomerado.

$FRh=14n+6=[Rh(CO)2.5](7)+3CO=Rh_7\ (CO)_{20.5}$

Trata-se de um aglomerado de carbonilo de ródio análogo.

K=n+t=7+4

Fe: k=5, V=2k=10; B: k=2,5, V=2k=5

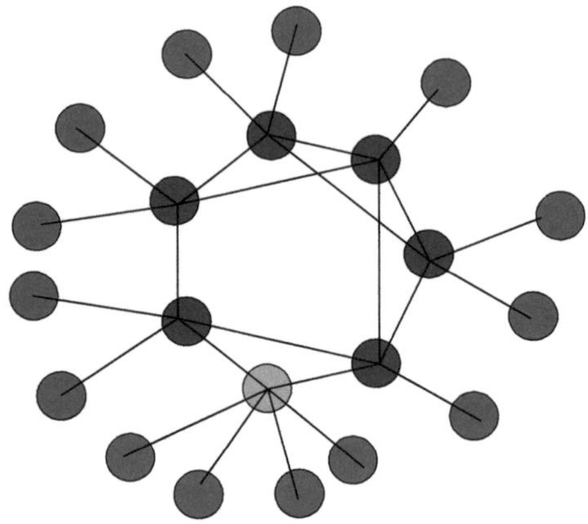

Figura 25.

M-25: F=B H_{610} $Fe(CO)_4$

n=6+1=7, m=1

VF=44

VE*=VF-10m=44-10(1) =34

J=VE*-2n=34-2(7) =20

z=J/2-1=10-1=9

K*=D C =D C^{zy9-2}

VE=4z+2+2y+10m=4(9) +2+2(-2) +10(1) =44

K=2z-1+3y=2(9)-1+3(-2) =11

K(n)=11(7)

K=n+t=7+4

VE=8n-2K+10m=8(7)-2(11) +10(1) =44

K=2n-3

S=4n+6

VE=4n+6+10m=4(7) +6+10(1) =44

$FB=4n+6=[BH](7)+6H=B\ H_{713}$

Trata-se de um análogo borano do aglomerado.

$FC=4n+6=[C](7)+6H=C\ H_{76}$

Este é o análogo hidrocarboneto do cluster.

$FCO=14n+6=[Os(CO)_3](7)+3CO=Os_7\ (CO)_{24}$

Trata-se de um equivalente análogo de carbonilo de ósmio do aglomerado.

$FRh=14n+6=[Rh(CO)2.5](7)+3CO=Rh_7\ (CO)_{20.5}$

Trata-se de um aglomerado de carbonilo de ródio análogo.

K=n+t=7+4

Fe: k=5, V=2k=10; B: k=2,5, V=2k=5

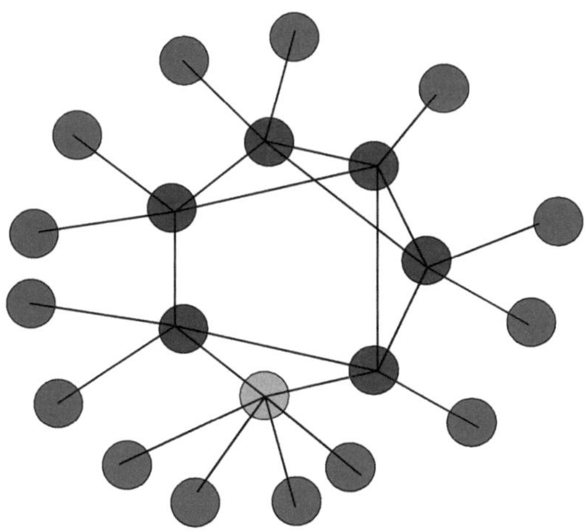

Figura 26.

M-26: F=$(C_p\ {}^*Re)\ B\ H_{255}$

n=2+5=7, m=2

VF=44

VE*=VF-10m=44-10(2) =24

J=VE*-2n=24-2(7) =10

$z=J/2-1=5-1=4$

K^*=D C =D C^{zy43}

$VE=4z+2+2y+10m=4(4)+2+2(3)+10(2)=44$

$K=2z-1+3y=2(4)-1+3(3)=16$

$K(n)=16(7)$

$K=n+t=7+9$

$VE=8n-2K+10m=8(7)-2(16)+10(2)=44$

$K=2n+2$

$S=4n-4+10m=4(7)-4+10(2)=44$

$FB=4n-4=[BH](7)-4H=B\ H_{73}$

Trata-se de um análogo borano do aglomerado.

$FC=4n-4=[C](7)-4H=C_7^{4+}$

Este é o análogo hidrocarboneto do cluster.

$FCO=14n-4=[Os(CO)_3](7)-2CO=Os_7(CO)_{19}$

Trata-se de um equivalente análogo de carbonilo de ósmio do aglomerado.

$FRh=14n-4=[Rh(CO)2.5](7)-2CO=Rh_7(CO)_{15.5}$

Trata-se de um aglomerado de carbonilo de ródio análogo.

$K=n+t=7+9$

Re: k=5,5, V=2k=11; B: k=2,5, V=2k=5

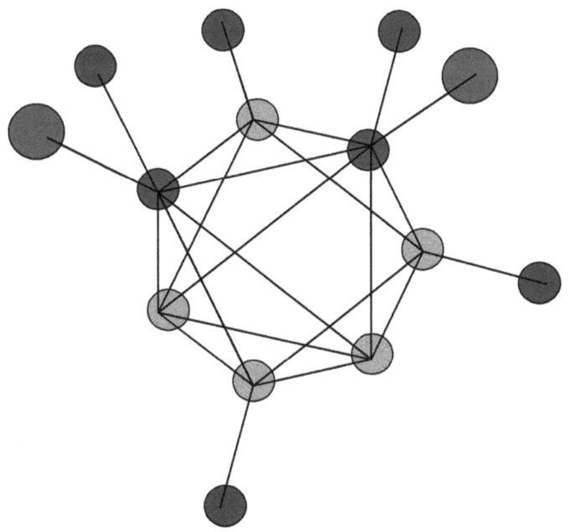

Figura 27.

M-27: F=C B H_{246} $Fe(CO)_3$

n=2+4+1=7, m=1

VF=40

VE*=VF-10m=40-10(1) =30

J=VE*-2n=30-2(7) =16

z=J/2-1=8-1=7

K*=D C =D C^{zy70}

VE=4z+2+2y+10m=4(7) +2+2(0) +10(1) =40

K=2z-1+3y=2(7)-1+3(0) =13

K(n)=13(7)

K=n+t=7+6

VE=8n-2K+10m=8(7)-2(13) +10(1) =40

K=2n-1

S=4n+2

VE=4n+2+10m=4(7) +2+10(1) =40

FB=4n+2=[BH](7)+2H=B H_{77}^{2-}

Trata-se de um análogo borano do aglomerado.

$FC=4n+2=[C](7) +2H =C\ H_{72}$

Este é o análogo hidrocarboneto do cluster.

$FCO=14n+2=[Os(CO)_3](7)+1CO=Os_7\ (CO)_{22}$

Trata-se de um equivalente análogo ao carbonilo de ósmio do aglomerado.

$FRh=14n+2=[Rh(CO)2.5](7)+1CO=Rh_7\ (CO)_{18.5}$

Trata-se de um aglomerado de carbonilo de ródio análogo.

K=n+t=7+6

Fe: k=5, V=2k=10; B: k=2,5, V=2k=5; C: k=2, V=2k=4

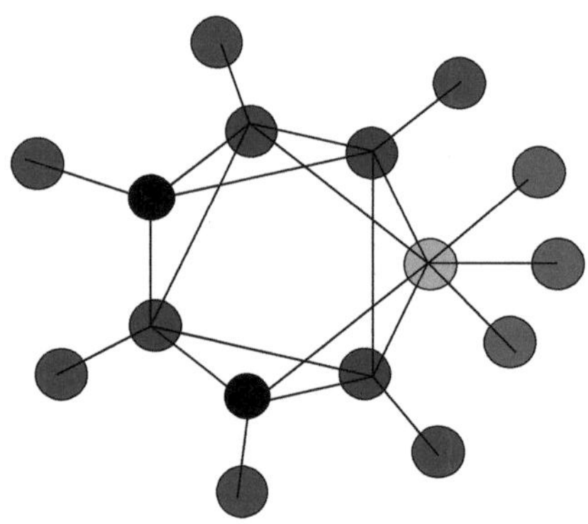

Figura 28.

$FB=4n+2=[BH](7)+2H=B\ H_{77}^{2-}$

Trata-se de um análogo borano do aglomerado.

$FC=4n+2=[C](7) +7H=C\ H_{72}$

Este é o análogo hidrocarboneto do cluster.

$FCO=14n+2=[Os(CO)_3](7)+1CO=Os_7\ (CO)_{22}$

Trata-se de um equivalente análogo ao carbonilo de ósmio do aglomerado.

$FRh=14n+2=[Rh(CO)2.5](7)+1CO=Rh_7\ (CO)_{18.5}$

Trata-se de um aglomerado de carbonilo de ródio análogo.

N-8

M-28: F=B H_{610} $(CpW)_2$

n=6+2=8, m=2

VF=50

VE*=VF-10m=50-10(2) =30

J=VE*-2n=30-2(8) =14

z=J/2-1=7-1=6

K*=D C =D C^{zy62}

VE=4z+2+2y+10m=4(6) +2+2(2) +10(2) =50

K=2z-1+3y=2(6)-1+3(2) =17

K(n)=17(8)

K=n+t=8+9

VE=8n-2K+10m=8(8)-2(17) +10(2) =50

K=2n+1

S=4n-2+10m=4(8) -2+20=50

K=n+t=8+9

B: k=2,5, V=2k=5; W: k=6, V=2k=12

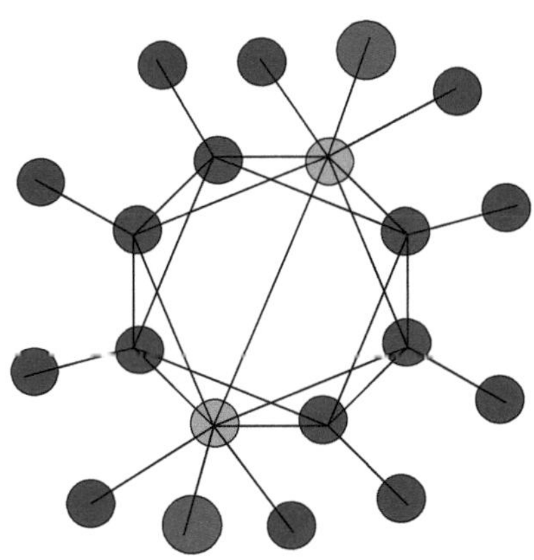

Figura 29.

FB=4n-2=[BH](8)-2H=B H_{86}

Trata-se de um análogo borano do aglomerado.

FC=4n-2=[C](8) -2H=C_8^{2+}

Este é o análogo hidrocarboneto do cluster.

FCO=14n-2=[Os$(CO)_3$](8)-1CO=Os_8 $(CO)_{23}$

Trata-se de um equivalente análogo ao carbonilo de ósmio do aglomerado.

FRh=14n-2=[Rh(CO)2.5](8)-1CO=Rh_8 $(CO)_{19}$

Trata-se de um aglomerado de carbonilo de ródio análogo.

M-29: F=B H_{610} $(CpW)_2$

n=6+2=8, m=2

VF=50

VE*=VF-10m=50-10(2) =30

J=VE*-2n=30-2(8) =14

z=J/2-1=7-1=6

K*=D C =D C^{zy62}

VE=4z+2+2y+10m=4(6) +2+2(2) +10(2) =50

K=2z-1+3y=2(6)-1+3(2) =17

K(n)=17(8)

K=n+t=8+9

VE=8n-2K+10m=8(8)-2(17) +10(2) =50

K=2n+1

S=4n-2+10m=4(8) -2+20=50

K=n+t=8+9

B: k=2,5, V=2k=5; W: k=6, V=2k=12

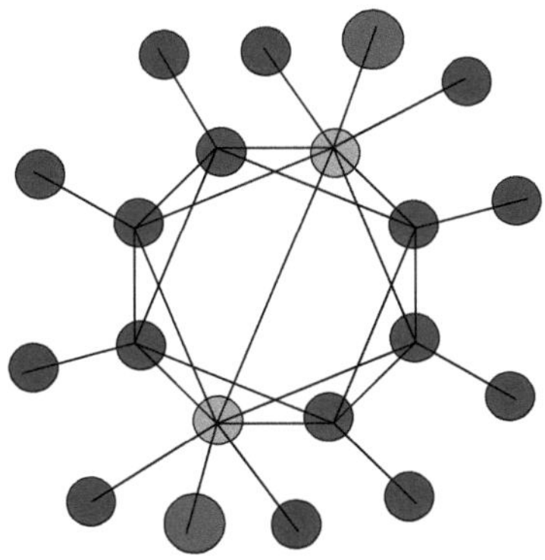

Figura 30.

FB=4n-2=[BH](8)-2H=B H_{86}

Trata-se de um análogo borano do aglomerado.

FC=4n-2=[C](8) -2H=C_8^{2+}

Este é o análogo hidrocarboneto do cluster.

FCO=14n-2=[Os(CO)$_3$](8)-1CO=Os_8 $(CO)_{23}$

Trata-se de um equivalente análogo ao carbonilo de ósmio do aglomerado.

FRh=14n-2=[Rh(CO)2.5](8)-1CO=Rh_8 $(CO)_{19}$

Trata-se de um aglomerado de carbonilo de ródio análogo.

M-30: F=(C_p *Re) B H_{266}

n=2+6=8, m=2

VF=48

VE*=VF-10m=48-10(2) =28

J=VE*-2n=28-2(8) =12

z=J/2-1=6-1=5

K*=D C =D C^{zy53}

VE=4z+2+2y+10m=4(5) +2+2(3) +10(2) =48

K=2z-1+3y=2(5)-1+3(3) =18

K(n)=18(8)

K=n+t=8+10

VE=8n-2K+10m=8(8)-2(18) +10(2) =48

K=2n+2

S=4n-4+10m=4(8)-4+10(2) =48

FB=4n-4=[BH](8)-4H=B H_{84}

Trata-se de um análogo borano do aglomerado.

FC=4n-4=[C](8)-4H=C_8^{4+}

Este é o análogo hidrocarboneto do cluster.

FCO=14n-4=[Os$(CO)_3$](8)-2CO=Os_8 $(CO)_{22}$

Trata-se de um equivalente análogo de carbonilo de ósmio do aglomerado.

FRh=14n-4=[Rh(CO)2.5](8)-2CO=Rh_8 $(CO)_{18}$

Trata-se de um aglomerado de carbonilo de ródio análogo.

K=n+t=8+10

Re: k=5,5, V=2k=11; B: k=2,5, V=2k=5

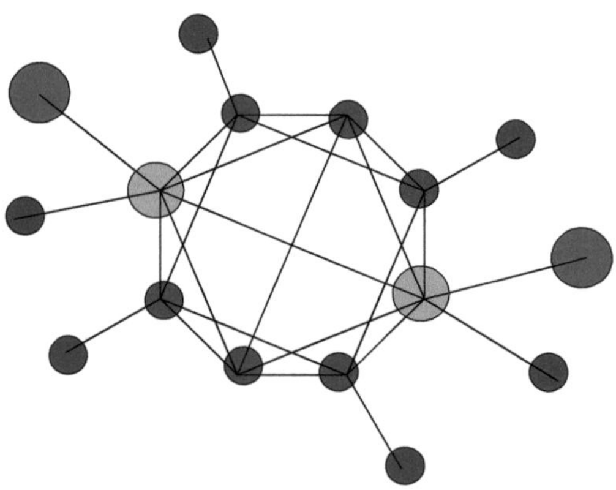

Figura 31.

M-31: F=B H_{712} $Fe(CO)_4^{-1}$

n=7+1=8, m=1

VF=50

VE*=VF-10m=50-10(1) =40

J=VE*-2n=40-2(8) =24

z=J/2-1=12-1=11

K*=D C =D C^{zy11-3}

VE=4z+2+2y+10m=4(11) +2+2(-3) +10(1) =50

K=2z-1+3y=2(11)-1+3(-3) =12

K(n)=12(8)

K=n+t=8+4

VE=8n-2K+10m=8(8)-2(12) +10(1) =50

K=2n-4

S=4n+8+10m=4(8) +8+10=50

FB=4n+8=[BH](8)+8H=B H_{816}

Trata-se de um análogo borano do aglomerado.

FC=4n+8=[C](8) +8H=C H_{88}

Este é o análogo hidrocarboneto do cluster.

FCO=14n+8=[$Os(CO)_3$](8)+4CO=Os_8 $(CO)_{28}$

Trata-se de um equivalente análogo de carbonilo de ósmio do aglomerado.

FRh=14n+8=[Rh(CO)2.5](8)+4CO=Rh_8 $(CO)_{24}$

Trata-se de um aglomerado de carbonilo de ródio análogo.

K=n+t=8+4

B: k=2,5, V=2k=5; Fe: k=5, V=2k=10

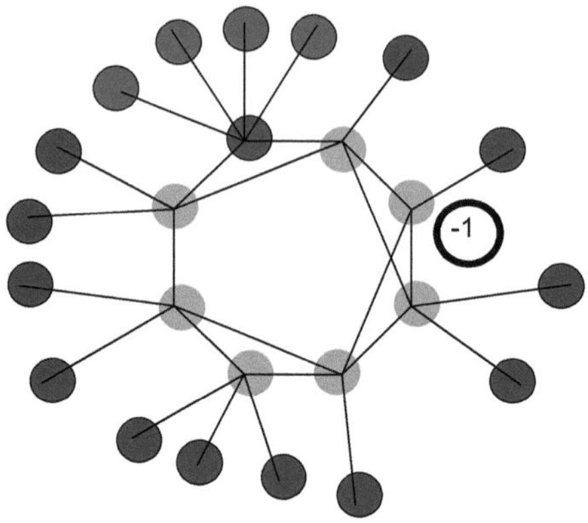

Figura 32.

M-32: F=Ti B H_{266}

$n=2+6=8$, $m=2$

$VF=32$

$VE^*=VF-10m=32-10(2)=12$

$J=VE^*-2n=12-2(8)=-4$

$z=J/2-1=-2-1=-3$

$K^*=D\ C=D\ C^{zy-311}$

$VE=4z+2+2y+10m=4(-3)+2+2(11)+10(2)=32$

$K=2z-1+3y=2(-3)-1+3(11)=26$

$K(n)=26(8)$

$K=n+t=8+18$

$VE=8n-2K+10m=8(8)-2(26)+10(2)=32$

$K=2n+10$

$S=4n-20+10m=4(8)-20+10(2)=32$

M-33: F=Al B H_{266}

n=2+6=8

VF=30

J=VF-2n=30-2(8) =14

z=J/2-1=7-1=6

K*=D C =D C^{zy62}

VE=4z+2+2y=4(6) +2+2(2) =30

K=2z-1+3y=2(6)-1+3(2) =17

K(n)=17(8)

K=n+t=8+9

VE=8n-2K=8(8)-2(17) =30

K=2n+1

S=4n-2=4(8)-2 =30

FB=4n-2=[BH](8)-2H=B H_{86}

Trata-se de um análogo borano do aglomerado.

FC=4n-2=[C](8) - 2H=C_8^{2+}

Este é o análogo hidrocarboneto do cluster.

FCO=14n-2=[Os$(CO)_3$](8)-1CO=Os_8 $(CO)_{23}$

Trata-se de um equivalente análogo de carbonilo de ósmio do aglomerado.

FRh=14n-2=[Rh(CO)2.5](8)-1CO=Rh_8 $(CO)_{19}$

Trata-se de um aglomerado de carbonilo de ródio análogo.

K=n+t=8+9

Al: k=2,5, V=2k=5; B: k=2,5, V=2k=5

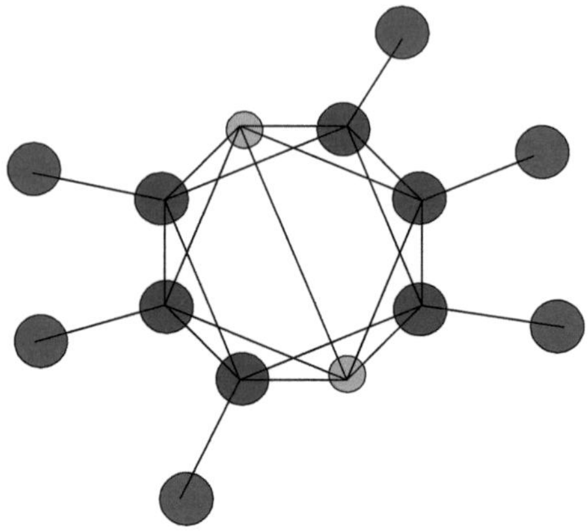

Figura 33.

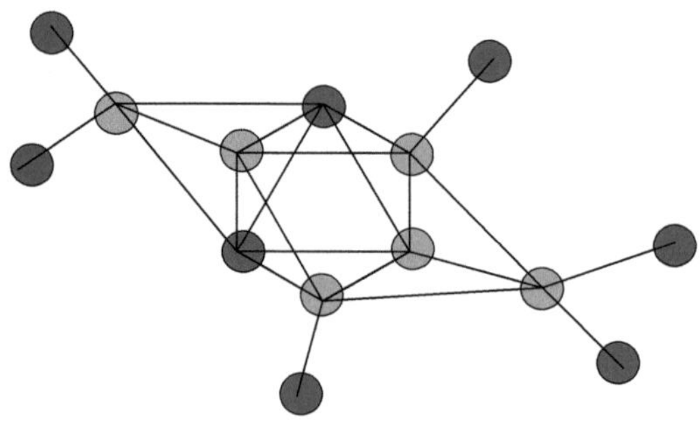

Figura 34.

M-34: $F=B\ H_{712}\ Fe(CO)_4^{-1}$

$n=7+1=8,\ m=1$

$VF=50$

$VE^*=VF-10m=50-10(1)=40$

$J=VE^*-2n=40-2(8)=24$

$z=J/2-1=12-1=11$

$K^*=D\ C=D\ C^{zy11-3}$

$VE=4z+2+2y+10m=4(11)+2+2(-3)+10(1)=50$

$K=2z-1+3y=2(11)-1+3(-3)=12$

$K(n)=12(8)$

$K=n+t=8+4$

$VE=8n-2K+10m=8(8)-2(12)+10(1)=50$

$K=2n-4$

$S=4n+8+10m=4(8)+8+10=50$

$FB=4n+8=[BH](8)+8H=B\ H_{816}$

Trata-se de um análogo borano do aglomerado.

$FC=4n+8=[C](8)+8H=C\ H_{88}$

Este é o análogo hidrocarboneto do cluster.

$FCO=14n+8=[Os(CO)_3](8)+4CO=Os_8\ (CO)_{28}$

Trata-se de um equivalente análogo ao carbonilo de ósmio do aglomerado.

$FRh=14n+8=[Rh(CO)2.5](8)+4CO=Rh_8\ (CO)_{24}$

Trata-se de um aglomerado de carbonilo de ródio análogo.

$K=n+t=8+4$

B: k=2,5, V=2k=5; Fe: k=5, V=2k=10

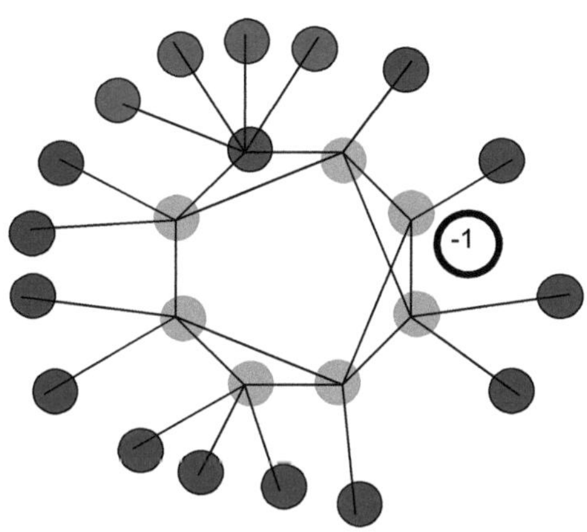

Figura 35.

N-9

M-35: F=$(C_p{}^*Re)\ B\ H_{277}$

n=2+7=9, m=2

VF=52

VE*=VF-10m=52-10(2) =32

J=VE*-2n=32-2(9) =14

z=J/2-1=7-1=6

K*=D C =D C^{zy63}

VE=4z+2+2y+10m=4(6) +2+2(3) +10(2) =52

K=2z-1+3y=2(6)-1+3(3) =20

K(n)=20(9)

K=n+t=9+11

VE=8n-2K+10m=8(9)-2(20) +10(2) =52

K=2n+2

S=4n-4+10m=4(9)-4+10(2) =52

FB=4n-4=[BH](9)-4H=$B\ H_{95}$

Trata-se de um análogo borano do aglomerado.

FC=4n-4=[C](9)-4H=$C_9{}^{4+}$

Este é o análogo hidrocarboneto do cluster.

FCO=14n-4=$[Os(CO)_3\ ](9)$-2CO=$Os_9\ (CO)_{25}$

Trata-se de um equivalente análogo de carbonilo de ósmio do aglomerado.

FRh=14n-4=[Rh(CO)2.5](9)-2CO=$Rh_9\ (CO)_{20.5}$

Trata-se de um aglomerado de carbonilo de ródio análogo.

K=n+t=9+11

Re: k=5,5, V=2k=11; B: k=2,5, V=2k=5

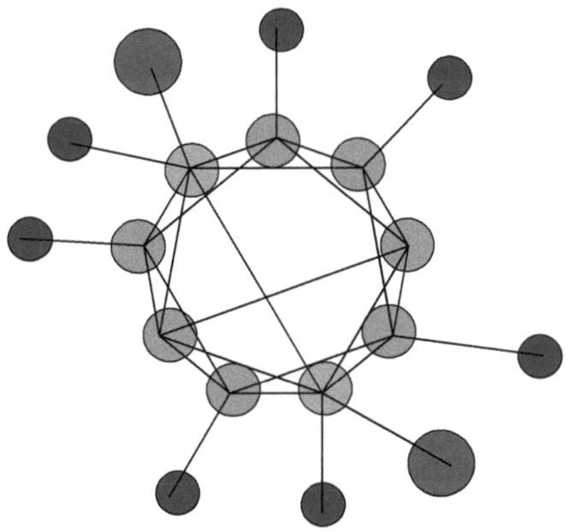

Figura 36.

M-36: F=B H_{87} $IrCl^{-1}$

n=8+1=9, m=1

VF=42

VE*=VF-10m=42-10(1)=32

J=VE*-2n=32-2(9) =14

z=J/2-1=7-1=6

K*=D C =D C^{zy63}

VE=4z+2+2y+10m=4(6) +2+2(3) +10(1) =42

K=2z-1+3y=2(6)-1+3(3) =20

K(n)=20(9)

K=n+t=9+11

VE=8n-2K+10m=8(9)-2(20) +10(1) =42

K=2n+2

S=4n-4

VE=4n-4+10m=4(9) -4+10(1) =42

FB=4n-4=[BH](9)-4H=B H_{95}

Trata-se de um análogo borano do aglomerado.

$FC=4n-4=[C](9)-4H =C_9^{4+}$

Este é o análogo hidrocarboneto do cluster.

$FCO=14n-4=[Os(CO)_3](9)-2CO=Os_9(CO)_{25}$

Trata-se de um equivalente análogo ao carbonilo de ósmio do aglomerado.

$FRh=14n-4=[Rh(CO)2.5](9)-2CO=Rh_9(CO)_{20.5}$

Trata-se de um aglomerado de carbonilo de ródio análogo.

K=n+t=9+11

Ir: k=4,5, V=2k=9; B: k=2,5, V=2k=5

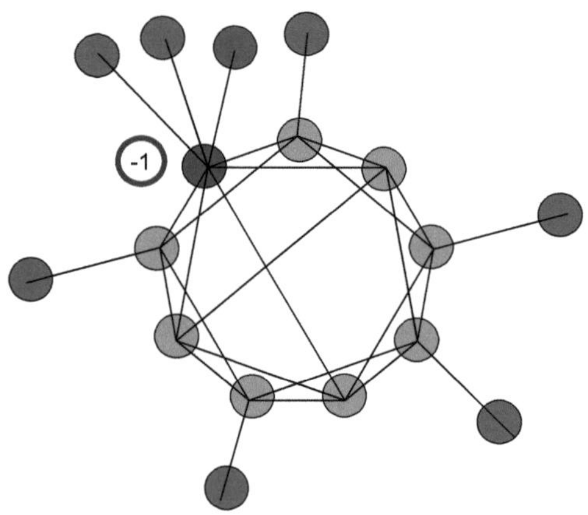

Figura 37.

N-10

M-37: F=$(C_p\ Co)\ C\ B\ H_{279}$

n=1+2+7=10, m=1

VF=52

VE*=VF-10m=52-10(1) =42

J=VE*-2n=42-2(10) =22

z=J/2-1=11-1=10

K*=D C =D $\mathbf{C^{zy100}}$

VE=4z+2+2y+10m=4(10) +2+2(0) +10(1) =52

K=2z-1+3y=2(10)-1+3(0) =19

K(n)=19(10)

K=n+t=10+9

VE=8n-2K+10m=8(10)-2(19) +10(1) =52

K=2n-1

S=4n+2+10m=4(10) +2+10(1) =52

FB=4n+2=[BH](10)+2H=$B_{10}H_{12}$ =$B_{10}H_{10}^{2-}$

Trata-se de um análogo borano do aglomerado.

FC=4n+2=[C](10)+2H=$C_{10}H_{2}$

Este é o análogo hidrocarboneto do cluster.

FCO=14n+2=[Os(CO)$_3$](10)+1CO=Os_{10} $(CO)_{31}$

Trata-se de um equivalente análogo de carbonilo de ósmio do aglomerado.

FRh=14n+2=[Rh(CO)2.5](10)+1CO=Rh_{10} $(CO)_{26}$

Trata-se de um aglomerado de carbonilo de ródio análogo.

K=n+t=10+9

C: k=2, V=2k=4; Co: k=4,5, V=2k=9; B: k=2,5, V=2k=5

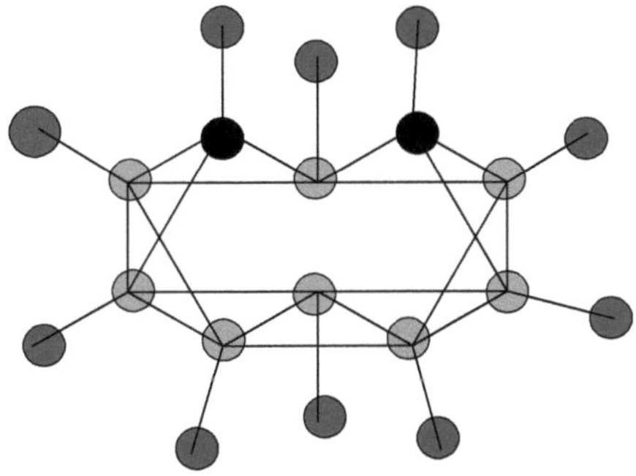

Figura 38.

M-38: F=$(Cp^*Co)_4B_6H_6$

n=4+6=10, m=4

VF=80

VE*=VF-10m=80-10(4) =40

J=VE*-2n=40-2(10) =20

z=J/2-1=10-1=9

K*=D C =D C^{zy91}

VE=4z+2+2y+10m=4(9) +2+2(1) +10(4) =80

K=2z-1+3y=2(9)-1+3(1) =20

K(n)=20(10)

K=n+t=10+10

VE=8n-2K+10m=8(10)-2(20) +10(4) =80

K=2n-0

S=4n+0

VE=4n+0+10m=4(10) +0+10(4) =80

FB=4n+0=[BH](10)+0=B H_{1010}

Trata-se de um análogo borano do aglomerado.

FC=4n+0=[C](10) =C_{10}

Este é o análogo hidrocarboneto do cluster.

FCO=14n+0=[Os$(CO)_3$](10)+0=Os_{10} $(CO)_{30}$

Trata-se de um equivalente análogo de carbonilo de ósmio do aglomerado.

FRh=14n+0=[Rh(CO)2.5](10)+0=Rh_{10} $(CO)_{25}$

Trata-se de um aglomerado de carbonilo de ródio análogo.

K=n+t=10+10

Ru: k=5, V=2k=10; B: k=2,5, V=2k=5

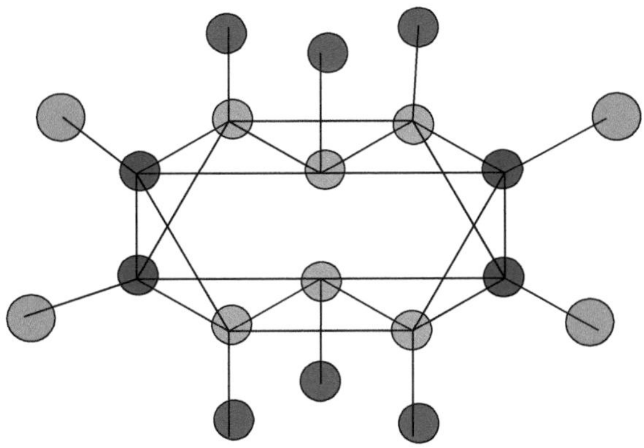

Figura 39.

M-39: F=$(Cp^*Ru)_2$ $(RuBz)B$ H_{77}

n=3+7=10, m=3

VF=68

VE*=VF-10m=68-10(3) =38

J=VE*-2n=38-2(10) =18

z=J/2-1=9-1=8

K*=D C =D C^{zy82}

VE=4z+2+2y+10m=4(8) +2+2(2) +10(3) =68

K=2z-1+3y=2(8)-1+3(2) =21

K(n)=21(10)

K=n+t=10+11

VE=8n-2K+10m=8(10)-2(21) +10(3) =68

K=2n+1

S=4n-2

VE=4n-2+10m=4(10)-2+10(3) =68

FB=4n-2=[BH](10)-2H=B H_{108}

Trata-se de um análogo borano do aglomerado.

$FC=4n-2=[C](10)-2H=C_{10}^{2+}$

Este é o análogo hidrocarboneto do cluster.

$FCO=14n-2=[Os(CO)_3](10)-1CO=Os_{10}(CO)_{29}$

Trata-se de um equivalente análogo de carbonilo de ósmio do aglomerado.

$FRh=14n-2=[Rh(CO)2.5](10)-1CO=Rh_{10}(CO)_{24}$

Trata-se de um aglomerado de carbonilo de ródio análogo.

K=n+t=10+11

Ru: k=5, V=2k=10; B: k=2,5, V=2k=5

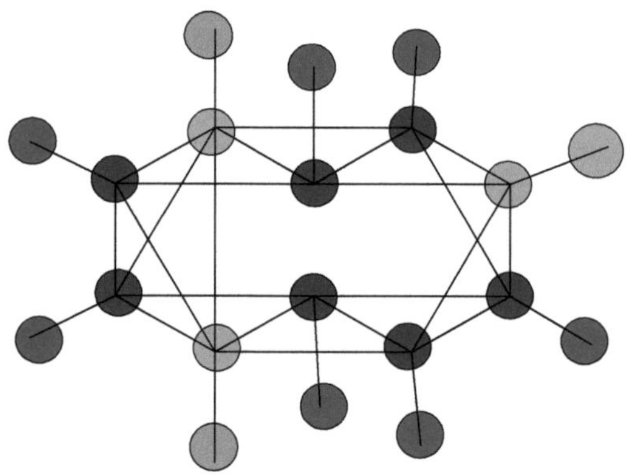

Figura 40.

M-40: $F=B\ H\ Pt_{8102}$

n=8+2=10, m=2

VF=54

VE*=VF-10m=54-10(2) =34

J=VE*-2n=34-2(10) =14

z=J/2-1=7-1=6

$K^*=D\ C=D\ C^{zy64}$

VE=4z+2+2y+10m=4(6) +2+2(4) +10(2) =54

$K=2z-1+3y=2(6)-1+3(4)=23$

$K(n)=23(10)$

$K=n+t=10+13$

$VE=8n-2K+10m=8(10)-2(23)+10(2)=54$

$K=2n+3$

$S=4n-6$

$VE=4n-6+10m=4(10)-6+10(2)=54$

$FB=4n-6=[BH](10)-6H=B\ H_{104}$

Trata-se de um análogo borano do aglomerado.

$FC=4n-6=[C](10)-6H=C_{10}^{6+}$

Este é o análogo hidrocarboneto do cluster.

$FCO=14n-6=[Os(CO)_3](3)-3CO=Os_{10}(CO)_{27}$

Trata-se de um equivalente análogo de carbonilo de ósmio do aglomerado.

$FRh=14n-6=[Rh(CO)2.5](10)-3CO=Rh_{10}(CO)_{22}$

Trata-se de um aglomerado de carbonilo de ródio análogo.

$K=n+t=10+13$

Pt: k=4, V=2k=8; B: k=2,5, V=2k=5

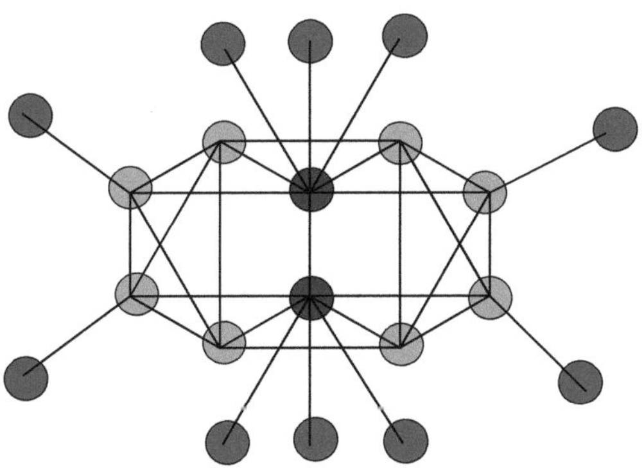

Figura 41.

N-11

M-41: $F=B\ H\ TIR_{10122}^{-1}$

n=10+1=11

VF=48

J=VF-2n=48-2(11) =26

z=J/2-1=13-1=12

K^*=D C =D C^{zy12-1}

VE=4z+2+2y=4(12) +2+2(-1) =48

K=2z-1+3y=2(12)-1+3(-1) =20

K(n)=20(11)

K=n+t=11+9

VE=8n-2K=8(11)-2(20) =48

K=2n-2

S=4n+4

VE=4n+4=4(11) +4 =48

FB=4n+4=[BH](11)+4H=$B\ H_{1115}$

Trata-se de um análogo borano do aglomerado.

FC=4n+4=[C](11) +4H =$C\ H_{114}$

Este é o análogo hidrocarboneto do cluster.

FCO=14n+4=[$Os(CO)_3$](11)+2CO=Os_{11} $(CO)_{35}$

Trata-se de um equivalente análogo de carbonilo de ósmio do aglomerado.

FRh=14n+4=[Rh(CO)2.5](11)+2CO=Rh_{11} $(CO)_{29.5}$

Trata-se de um aglomerado de carbonilo de ródio análogo.

K=n+t=11+9

Tl: k=2,5, V=2k=5; B: k=2,5, V=2k=5

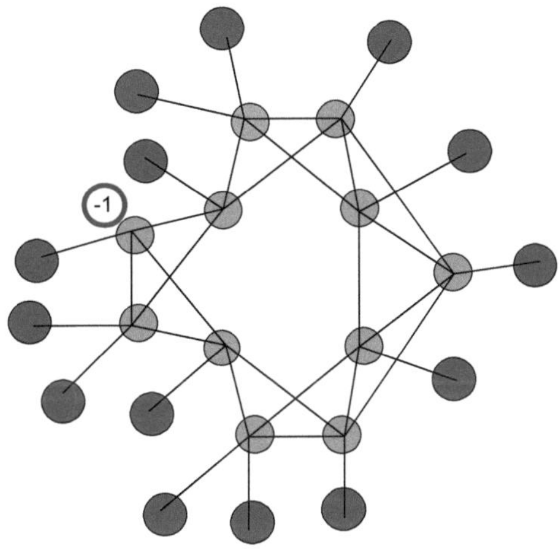

Figura 42.

N-12

M-42: F=(C_p Co) C B H_{22810}

n=2+2+8=12, m=2

VF=70

VE*=VF-10m=70-10(2) =50

J=VE*-2n=50-2(12) =26

z=J/2-1=13-1=12

K*=D C =D C^{zy120}

VE=4z+2+2y+10m=4(12) +2+2(0) +10(2) =70

K=2z-1+3y=2(12)-1+3(0) =23

K(n)=23(12)

K=n+t=12+11

VE=8n-2K+10m=8(12)-2(23) +10(2) =70

K=2n-1

S=4n+2+10m=4(12) +2+10(2) =70

FB=4n+2=[BH](12)+2H=B H =B $H_{1214\ 1212}^{2-}$

Trata-se de um análogo borano do aglomerado.

FC=4n+2=[C](12) +2H=C H_{122}

Este é o análogo hidrocarboneto do cluster.

FCO=14n+2=[Os$(CO)_3$](12)+1CO=Os_{12} $(CO)_{37}$

Trata-se de um equivalente análogo de carbonilo de ósmio do aglomerado.

FRh=14n+2=[Rh(CO)2.5](12)+1CO=Rh_{12} $(CO)_{31}$

Trata-se de um aglomerado de carbonilo de ródio análogo.

K=n+t=12+11

C: k=2, V=2k=4; Co: k=4,5, V=2k=9; B: k=2,5, V=2k=5

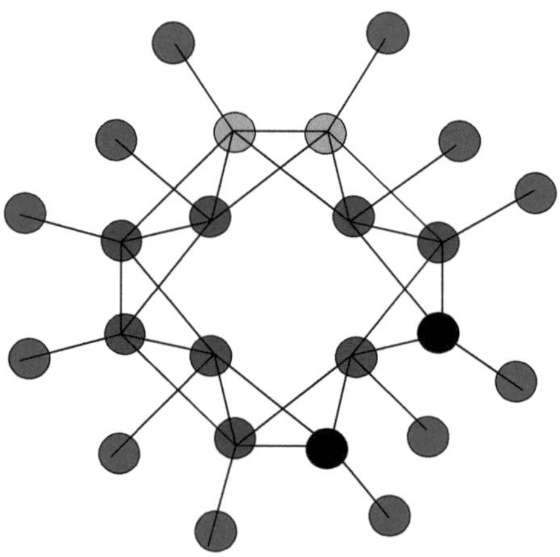

Figura 43.

M-43: F=(Cp*Re) B H_{21010}

n=2+10=12, m=2

VF=64

VE*=VF-10m=64-10(2) =44

J=VE*-2n=44-2(12) =20

z=J/2-1=10-1=9

K*=D C =D C^{zy93}

VE=4z+2+2y+10m=4(9) +2+2(3) +10(2) =64

K=2z-1+3y=2(9)-1+3(3) =26

K(n)=26(12)

K=n+t=12+14

VE=8n-2K+10m=8(12)-2(26) +10(2) =64

K=2n+2

S=4n-4

VE=4n-4+10m=4(12)-4+10(2) =64

FB=4n-4=[BH](12)-4H=B H_{128}

Trata-se de um análogo borano do aglomerado.

FC=4n-4=[C](12)-4H =C_{12}^{4+}

Este é o análogo hidrocarboneto do cluster.

FCO=14n-4=[$Os(CO)_3$](12)-2CO=Os_{12} $(CO)_{34}$

Trata-se de um equivalente análogo de carbonilo de ósmio do aglomerado.

FRh=14n-4=[Rh(CO)2.5](12)-2CO=Rh_{12} $(CO)_{28}$

Trata-se de um aglomerado de carbonilo de ródio análogo.

K=n+t=12+14

Re: k=5,5, V=2k=11; B: k=2,5, V=2k=5

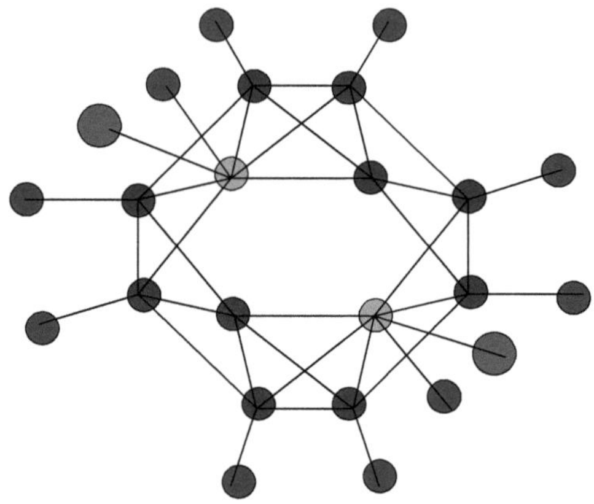

Figura 44.

M-44: F=B H_{912} $Mn(CO)_3$

n=9+1=10, m=1

VF=52

VE*=VF-10m=52-10(1)=42

J=VE*-2n=42-2(10) =22

z=J/2-1=11-1=10

K*=D C =D C^{zy100}

VE=4z+2+2y+10m=4(10) +2+2(0)+10(1) =52

K=2z-1+3y=2(10)-1+3(0) =19

K(n)=19(10)

K=n+t=10+9

VE=8n-2K+10m=8(10)-2(19)+10(1)=52

K=2n-1

S=4n+2

VE=4n+2+10m=4(10) +2+10(1) =52

FB=4n+2=[BH](10)+2H=B H_{1012}

Trata-se de um análogo borano do aglomerado.

FC=4n+2=[C](10) +2H =C H_{102}

Este é o análogo hidrocarboneto do cluster.

FCO=14n+2=[Os(CO)$_3$](10)+1CO=Os$_{10}$ (CO)$_{31}$

Trata-se de um equivalente análogo ao carbonilo de ósmio do aglomerado.

FRh=14n+2=[Rh(CO)2.5](10)+1CO=Rh$_{10}$ (CO)$_{26}$

Trata-se de um aglomerado de carbonilo de ródio análogo.

K=n+t=10+9

Mn: k=5,5, V=2k=11; B: k=2,5, V=2k=5

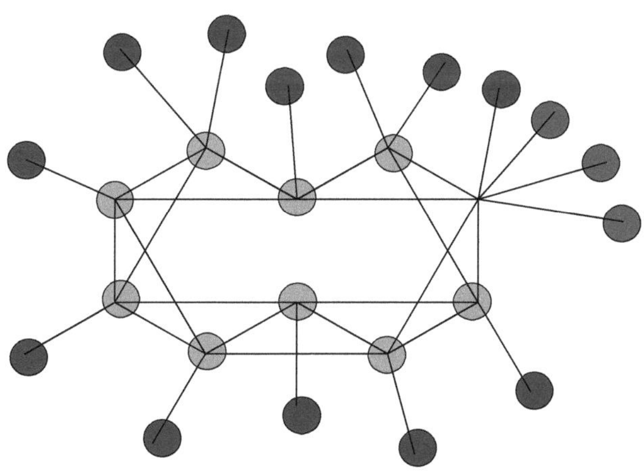

Figura 45.

N-18

M-45: $F=B\ H\ L_{18182}$

n=18

VF=76

J=VF-2n=76-2(18) =40

z=J/2-1=20-1=19

$K^*=D\ C\ =D\ C^{zy19-1}$

VE=4z+2+2y=4(19) +2+2(-1) =76

K=2z-1+3y=2(19)-1+3(-1) =34

K(n)=34(18)

K=n+t=18+16

VE=8n-2K=8(18)-2(34) =76

K=2n-2

S=4n+4

VE=4n+4=4(18)+4 =76

$FB=4n+4=[BH](18)+4H=B\ H_{1822}$

Trata-se de um análogo borano do aglomerado.

$FC=4n+4=[C](18)+4H\ =C\ H_{184}$

Este é o análogo hidrocarboneto do cluster.

$FCO=14n+4=[Os(CO)_3\ ](18)+2CO=Os_{18}\ (CO)_{56}$

Trata-se de um equivalente análogo de carbonilo de ósmio do aglomerado.

$FRh=14n+4=[Rh(CO)2.5](18)+2CO=Rh_{18}\ (CO)_{47}$

Trata-se de um aglomerado de carbonilo de ródio análogo.

K=n+t=18+16=9+9+7+7+2

B: k=2,5, V=2k=5

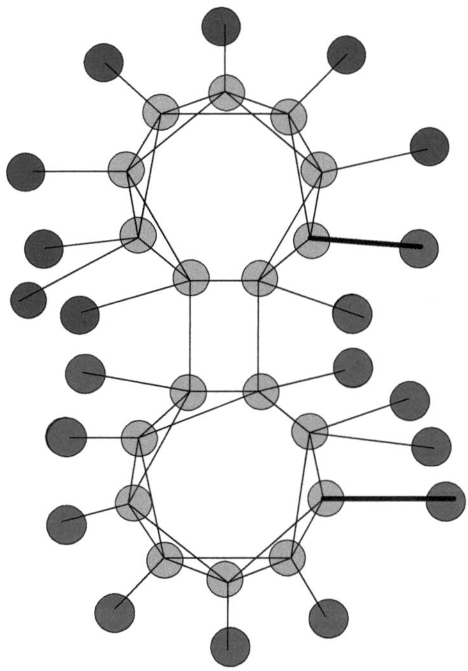

Figura 46.

N-23

M-46: F=(C B H_{29112})Fe^{2-}

n=23, m=1

VF=102

VE*=VF-10m=102-10(1)=92

J=VE*-2n=92-2(23) =46

z=J/2-1=23-1=22

K*=D C =D C^{zy221}

VE=4z+2+2y+10m=4(22) +2+2(1)+10(1) =102

K=2z-1+3y=2(22)-1+3(1) =46

K(n)=46(23)

K=n+t=23+23

VE=8n-2K+10m=8(23)-2(46)+10(1)=102

K=2n-0

S=4n+0

VE=4n+0+10m=4(23)+0+10(1)=102

FB=4n+0=[BH](23)+0 =B H_{2323}

Trata-se de um análogo borano do aglomerado.

FC=4n+0=[C](23)+0 =C_{23}

Este é o análogo hidrocarboneto do cluster.

FCO=14n+0=[Os$(CO)_3$](23)+0=Os_{23} $(CO)_{69}$

Trata-se de um equivalente análogo de carbonilo de ósmio do aglomerado.

FRh=14n+0=[Rh(CO)2.5](23)+0=Rh_{23} $(CO)_{57.5}$

Trata-se de um aglomerado de carbonilo de ródio análogo.

K=n+t= K=n+t=23+23=7+7+9;6+5+5+7

B: k=2,5, V=2k=5; Fe: k=5, V=2k=10; C:k=2, V=2k=4

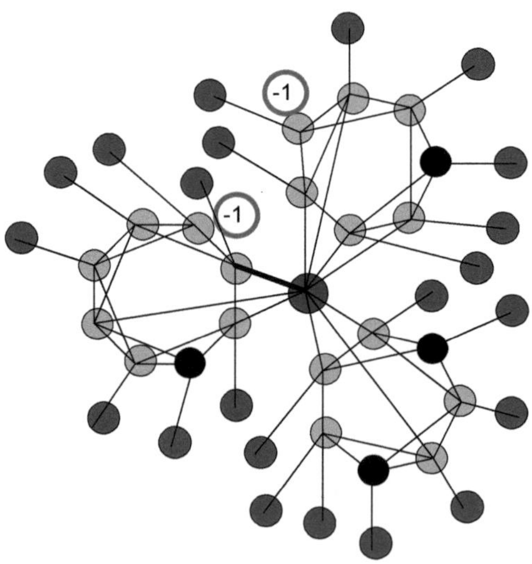

Figura 47.

$K=n+t=$ $K=n+t=23+23=11+11+1;5+9+9$

B: $k=2{,}5$, $V=2k=5$; Fe: $k=5$, $V=2k=10$; C:$k=2$, $V=2k=4$

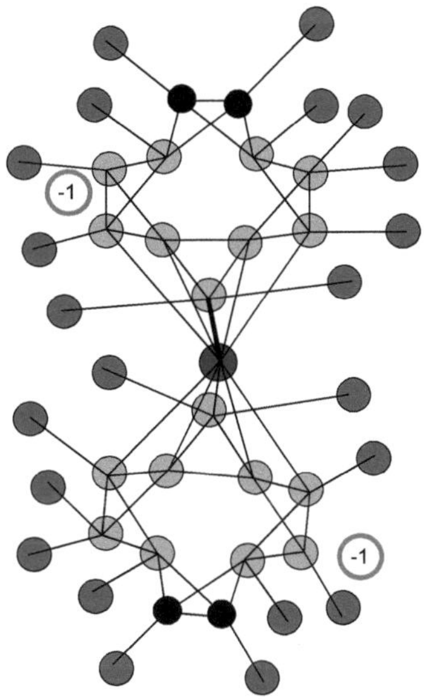

Figura 48.

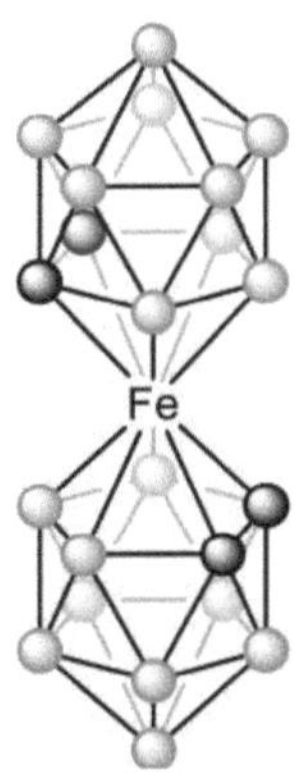

Figura 49.

Adaptado da tese de doutoramento, Universidade de Bath, 2023. Síntese, estrutura e reatividade de metal de transição precoce Noveö e metalacarboranos do grupo principal

RECONHECIMENTO

O autor deseja agradecer à sua família por ter proporcionado um ambiente propício à realização do trabalho, e também deseja agradecer a Turigye Micheal pela ajuda na edição do trabalho.

REFERÊNCIAS

Belyakova, O. A., & Slovokhotova, Y. L. (2003). Estruturas de grandes aglomerados de metais de transição. Boletim Químico Russo. Inter. Ed., *52(11)*, 1-29.

Cotton, F. A., & Wilkinson, G. (1980). *Advanced Inorganic Chemistry, 4th Ed.*, John Wiley and Sons, New York, 1980.

Daniel, M. C., & Astruc, D. (2004). Nanopartículas de ouro, montagem, química supramolecular, propriedades relacionadas ao tamanho quântico e aplicações em biologia, catálise e nanotecnologia. *Chem. Rev., 104*, 293-346.

Gimeno, M. C., (2008). Moderno Supramolecular Ouro-Metal Interativo e Aplicações. Editado por A. Laguna, 2008. Wiley-VCH, Weinheim.

Greenwood, N. N., & Earnshaw, A. (1998). *Chemistry of the Elements, 2nd Ed.* Butterworth, Oxford.

Kiremire, E. M. R. (2016a). A Aplicação do Método da Série 4n para Categorizar Metalloboranes. *Int. J. Chem., 8*(3), 62-73.

Kiremire, E. M. R. (2016b). Um modelo hipotético para a formação de aglomerados de carbonila de metal de transição com base em números esqueléticos da série 4n. *Int. J. Chem., 8*(4), 78-110.

Kiremire, E. M. R. (2016c). Clusters de carbonila subterrâneos incomuns de paládio. *Int. J. Chem., 8*(1), 145-158.

Konishi, K. (2014). Clusters de ouro puro coordenados por fosfina e propriedades / respostas ópticas exclusivas. Structure and Bonding, *161*, 49-86.

Mingos, D. M. P. (1972). A General Theory for Cluster and Ring Compounds of the Main Group and Transition Elements (Uma Teoria Geral para Compostos de Aglomerados e Anéis do Grupo Principal e Elementos de Transição). *Nature (Londres), Phys. Sci., 236*, 99-102.

Mingos, D. M. P. (1984). Compostos de Aglomerados de Ouro: Serão eles materiais em miniatura? *Gold Bull, 17(1),* 5-12.

Mingos, D. M. P. (1987). Modelo complementar de densidade eletrônica esférica para compostos de coordenação. *Química Pura e Aplicada, 59*(2), 145-154.

Pauling, L. (1977). Estrutura de compostos de clusters de metais de transição: Uso de um orbital adicional resultante do caráter f, g dos orbitais de ligação SPD. *Proc. Natl. Acad. Sci., USA, 74(12),* 5235-5238.

Pivoriunas, G. (2005). Novo Goldcluster. Tese de doutoramento

Rossi, F., & Zanello, P. (2011). Atividade de reservatório de electrões de clusters de carbonilo de metais de transição de alta nuclearidade. *Portugalia, Electrochimica Ata, 29*(1), 309-327.

Tiwari, P. M., Vig, K., Dennis, A., & Sing, S. R. (2011). Nanopartículas de ouro funcionalizadas e suas aplicações biomédicas. Nanomaterials, *1*, 31-63.

Wade, K. (1971). O significado estrutural do número de pares de electrões de ligação esquelética em carboranos, boranos superiores e iões borano e vários compostos de clusters de carbonilo de metais de transição. *Chem. Commun.*, 792-793.

Welch, A. J. (2013). O significado das regras de Wade. *Chem. Commun., 49*, 3615-3616.

Aplicação de números esqueléticos para categorizar aglomerados químicos Brochura - 19 set. 2018 Por Enos Kiremire (Autor)ISBN-10: 9783330028241ISBN-13: 978-3330028241

A New Approach to Cluster Theory of Chemical Clusters by Enos Kiremire ISBN 10: 6202079010 / ISBN 13: 9786202079013 Publicado por Lap Lambert Academic Publishing Jul 2018, 2018

Funções geradoras de fórmulas de agrupamento Kiremire Enos ISBN 10: 6139963834 ISBN 13: 9786139963836 Publisher: Lap Lambert Academic Publishing, 2018

Categorização e teoria de grafos simples de grupos de ouro
Por Kiremire Enos ISBN 10: 3659753254 ISBN 13: 9783659753251
Editora: Lap Lambert Academic Publishing, 2018

Funções Geradoras de Fórmulas de Aglomerados: De Ósmio, Ródio, Rénio, Paládio e Ouro (Brochura). Publicado por Lap Lambert Academic Publishing, N/A (2018)
ISBN 10: 6139963834
ISBN 13: 9786139963836

Ordem dos Aglomerados Químicos: Números Esqueléticos e Árvores de Aglomerados (Brochura) Enos Kiremire
Publicado por Lap Lambert Academic Publishing, Alemanha (2019)

ISBN 10: 6139898943
ISBN 13: 9786139898947

Uma Teoria Simples dos Grafos de Zintl e dos Aglomerados de Matryoshka (Brochura)
Enos Kiremire
Publicado por Lap Lambert Academic Publishing, Alemanha (2019)
ISBN 10: 6139446465
ISBN 13: 9786139446469

A Teoria da Cobertura de Aglomerados Químicos: Based On 12n/14n Series (Paperback). Enos Kiremire Publicado por Lap Lambert Academic Publishing, Alemanha (2019)
ISBN 10: 6139985595
ISBN 13: 9786139985593

Análise de Aglomerados de Carbonilo de Metais de Transição Utilizando Números Esqueléticos (Brochura)
Enos Kiremire
Publicado por Lap Lambert Academic Publishing, N/A (2019)
ISBN 10: 6200006202
ISBN 13: 9786200006202

O Grupo Principal e os Elementos Metálicos de Transição: E Seus Aglomerados Obedecem ao Princípio da Série S=4n+Q e Seus Números Esqueléticos (Brochura).
Enos Kiremire
Publicado por Lap Lambert Academic Publishing, Alemanha (2020)
ISBN 10: 620252605x
ISBN 13: 9786202526050

Categorisering Van Carbonylclusters (Paperback). Edição holandesa.
Enos Kiremire
Publicado por Ks Omniscriptum Publishing, Estados Unidos (2020)
ISBN 10: 6200593647
ISBN 13: 9786200593641

Uma teoria gráfica avançada dos aglomerados de Zintl e Matryoshka (Edição holandesa)
Kiremire Enos
ISBN 10: 6200592055
ISBN 13: 9786200592057

Editora: Globeedit, 2020

Aglomerados de carbonilo: Análise de aglomerados de carbonilo com base em dados de esqueletos (holandês) Brochura - 3 de abril de 2020
Por Enos Kiremire (Autor)
ISBN-10: 6200593647
ISBN-13: 978-6200593641

O que é que os clusters químicos podem fazer? Klanten (Edição holandesa)
Kiremire Enos
ISBN 10: 6200852529
ISBN 13: 9786200852526
Editora: Sciencia Scripts, 2020

O Código Geheime: Para a Formação de Carbonilas Excessivas em Metais Orgânicos e sua Eliminação (Holandês) Brochura - 15 Fev. 2021
Por Enos Kiremire (Autor)
ISBN-10: 6203330647
ISBN-13: 978-6203330649

A Prova Do Duplo Tapado Dos Grupos Químicos: Clusters (Espanhol) Brochura - 6 abril 2020
Por Enos Kiremire (Autor)
ISBN-10: 6200852308
ISBN-13: 978-6200852304
Editora: Sciencia Scripts, 2020

Categorización De Las Agrupaciones De Carbonilo: Analizando Grupos De Transición De Metal Carbonilo Usando Números Esqueléticos (Espanhol) Brochura - 19 Mar. 2020
Por Enos Kiremire (Autor)
ISBN-10: 6200382840
ISBN-13: 978-6200382849

Aplicação de números esqueléticos para categorizar aglomerados químicos Brochura - 19 de setembro de 2018 Por Enos Kiremire (Autor)
ISBN-10: 9783330028241 ISBN-13: 978-3330028241

Uma Nova Abordagem à Teoria de Aglomerados Químicos Por Enos Kiremire
ISBN 10: 6202079010 / ISBN 13: 9786202079013

Publicado por Lap Lambert Academic Publishing Jul 2018, 2018

Geração de funções de fórmulas de cluster
Kiremire Enos
ISBN 10: 6139963834
ISBN 13: 9786139963836
Editora: Lap Lambert Academic Publishing, 2018

Categorização e teoria de grafos simples de grupos de ouro
Por Kiremire Enos ISBN 10: 3659753254 ISBN 13: 9783659753251
Editora: Lap Lambert Academic Publishing, 2018

Funções Geradoras de Fórmulas de Aglomerados: De Ósmio, Ródio, Rénio, Paládio e Ouro (Brochura). Publicado por Lap Lambert Academic Publishing, N/A (2018)
ISBN 10: 6139963834
ISBN 13: 9786139963836

Ordem dos Aglomerados Químicos: Números esqueléticos e árvores de clusters (Brochura) Enos Kiremire Publicado por Lap Lambert Academic Publishing, Alemanha (2019)
ISBN 10: 6139898943
ISBN 13: 9786139898947

Uma Teoria Simples dos Grafos de Zintl e dos Aglomerados de Matryoshka (Brochura)
Enos Kiremire Publicado por Lap Lambert Academic Publishing, Alemanha (2019) ISBN 10: 6139446465 ISBN 13: 9786139446469

A Teoria da Cobertura de Aglomerados Químicos: Based On 12n/14n Series (Paperback). Enos Kiremire Publicado por Lap Lambert Academic Publishing, Alemanha (2019) ISBN 10: 6139985595 ISBN 13: 9786139985593

Análise de Aglomerados de Carbonilo de Metais de Transição Utilizando Números Esqueléticos (Brochura)
Enos Kiremire Publicado por Lap Lambert Academic Publishing, N/A (2019) ISBN 10: 6200006202 ISBN 13: 9786200006202

O Grupo Principal e os Elementos Metálicos de Transição: E Seus Aglomerados Obedecem ao Princípio da Série S=4n+Q e Seus Números Esqueléticos (Brochura).
Enos Kiremire Publicado por Lap Lambert Academic Publishing, Alemanha (2020) ISBN 10: 620252605x ISBN 13: 9786202526050

Categorisering Van Carbonylclusters (Paperback). Edição holandesa.
Enos Kiremire Publicado por Ks Omniscriptum Publishing, Estados Unidos (2020) ISBN 10: 6200593647 ISBN 13: 9786200593641
Uma teoria gráfica avançada dos aglomerados de Zintl e Matryoshka (Edição holandesa)
Kiremire Enos ISBN 10: 6200592055 ISBN 13: 9786200592057
Editora: Globeedit, 2020

Aglomerados de carbonilo: Análise de aglomerados de carbonilo com base em dados de esqueletos (holandês) Brochura - 3 de abril de 2020
Por Enos Kiremire (Autor) ISBN-10: 6200593647 ISBN-13: 978-6200593641

O que é que os clusters químicos podem fazer? Klanten (Edição holandesa)
Kiremire Enos
ISBN 10: 6200852529
ISBN 13: 9786200852526
Editora: Sciencia Scripts, 2020

16de Geheime Code: Para a formação de um código de carbono excessivo e para o seu controlo (holandês) Brochura - 15 Fev. 2021
Por Enos Kiremire (Autor)
ISBN-10: 6203330647
ISBN-13: 978-6203330649

A Prova Do Duplo Tapado Dos Grupos Químicos: Clusters (Espanhol) Brochura - 6 abril 2020
Por Enos Kiremire (Autor)
ISBN-10: 6200852308
ISBN-13: 978-6200852304
Editora: Sciencia Scripts, 2020

Categorización De Las Agrupaciones De Carbonilo: Analizando Grupos De Transición De Metal Carbonilo Usando Números Esqueléticos (Espanhol) Brochura - 19 Mar. 2020

Por Enos Kiremire (Autor) ISBN-10: 6200382840 ISBN-13: 978-6200382849

Prosta Teoria Graficzna Klastrów Zintl I Matryoshka (Edição polaca)
Kiremire Enos
ISBN 10: 6200547270
ISBN 13: 9786200547279
Editora: Wydawnictwo Bezkresy Wiedzy, 2020

Categorias de produtos de Cartografia de Cartografia: Analiza Metalowych Klastrów Karbonylowych Z Wykorzystaniem Numerów Szkieletowych (Edição polaca)
Kiremire Enos
ISBN 10: 6200547920
ISBN 13: 9786200547927
Editora: Wydawnictwo Bezkresy Wiedzy, 2020

Dowód Na Podwójne Ograniczenie Klastrów Chemicznych: Clusters (polaco) Brochura - 6 abril 2020
Por Enos Kiremire (Autor)
ISBN-10: 6200852537
ISBN-13: 978-6200852533

2tajny Kod: Do Tworzenia Karbonyli Metali Przejściowych I Ich Pochodnych Narażonych (polonês) Brochura - 15 de fevereiro de 2021
Por Enos Kiremire (Autor)
ISBN-10: 6203330655
ISBN-13: 978-6203330656

Koncepcja Chemicznego Jądra Klastra (polaco) Brochura - 9 de setembro de 2020
Por Prof. Enos Kiremire (Autor)
ISBN-10: 6200986819
ISBN-13: 978-6200986818

Znego Jądra Klastra (polaco) Brochura - 9 de setembro de 2020
Por Prof. Enos Kiremire (Autor)
ISBN-10: 6200986819
ISBN-13: 978-6200986818

Il Concetto Di Nucleo Di Un Ammasso Chimico (italiano) Brochura - 9 de setembro de 2020

Por Prof. Enos Kiremire (Autor)
ISBN-10: 6200986797
ISBN-13: 978-6200986795

La Prova Della Doppia Copertura Dei Cluster Chimici: Clusters (italiano) Brochura - 6 de abril de 2020
Por Enos Kiremire (Autor)
ISBN-10: 6200852464
ISBN-13: 978-6200852465

Una Semplice Teoria Dei Grafici Dei Cluster Zintl E Matryoshka (italiano) Brochura - 2 Mar. 2020
Por Enos Kiremire (Autor)
ISBN-10: 6200558604
ISBN-13: 978-6200558602

Categorização de Aglomerados de Carbono: Analisi Dei Gruppi Carbonilici Metallici Di Transizione Utilizzando I Numeri Scheletrici (italiano) Brochura - 19 Mar. 2020
Por Enos Kiremire (Autor)
ISBN-10: 6200559805
ISBN-13: 978-6200559807

Il Codice Segreto (italiano) Brochura - 15 Fev. 2021
Por Enos Kiremire (Autor)
ISBN-10: 6203330639
ISBN-13: 978-6203330632

Boranes e a valência esquelética de cinco
Kiremire Enos
ISBN 10: 6200787743
ISBN 13: 9786200787743
Editora: Lap Lambert Academic Publishing, 2020
A prova da dupla cobertura dos aglomerados químicos: Aglomerados
Kiremire Enos
ISBN 10: 6202517484
ISBN 13: 9786202517485
Editora: Lap Lambert Academic Publishing, 2020

Números esqueléticos e ligações na simetria de aglomerados
Kiremire Enos Masheija Ruanda
ISBN 10: 6203197637

ISBN 13: 9786203197631
Editora: Lap Lambert Academic Publishing, 2020

O Conceito De Um Núcleo De Agregados Químicos (Português) Brochura - 9 Set. 2020
Por Prof. Enos Kiremire (Autor)
ISBN-10: 6200986827
ISBN-13: 978-6200986825

A Prova Do Duplo Nivelamento Dos Aglomerados Químicos: Clusters (Português) Brochura - 6 abril 2020
Por Enos Kiremire (Autor)
ISBN-10: 6200852553
ISBN-13: 978-6200852557

Categorização Dos Clusters De Carbonil: Análise De Clusters De Carbonilo De Transição De Metal Usando Números Esqueletais (Português) Brochura - 19 Mar. 2020
Por Enos Kiremire (Autor)
ISBN-10: 6200581312
ISBN-13: 978-6200581310

O Código Secreto: Para A Formação De Carbonos Metálicos De Transição E Seus Pais Expostos (Português) Brochura - 15 Fev. 2021
Por Enos Kiremire (Autor)
Publicado por Globeedit, Estados Unidos, 2020
ISBN-10: 6203330663
ISBN-13: 978-6203330663

Categorização De Hidrocarbonetos E Função Geradora Intrínseca: De aglomerados químicos Brochura - 28 de outubro de 2020 Por Prof. Enos Kiremire (Autor)
ISBN 10: 6203025658
ISBN 13: 9786203025651
Editora: Lap Lambert Academic Publishing, 2020

Uma teoria simples das garras de Zintl e Matryoshka (Edição francesa)
Kiremire Enos
Publicado por Éditions Universitaires Européennes (2020)
ISBN 10: 613955456x
ISBN 13: 9786139554560

Le Code Secret: Pour La Formation De Carbonyles De Métaux De Transition Et Leurs Apparentés Exposés (French Edition)
Kiremire Enos
ISBN 10: 6203330620
ISBN 13: 9786203330625
Editora: Edições Notre Savoir, 2021

A Preuve do Duplo Plafonamento dos Aglomerados Químicos: Clusters (Edição francesa)
Kiremire Enos
ISBN 10: 6200852405
ISBN 13: 9786200852403
Editora: Sciencia Scripts, 2020

Le Concept De Noyau De Grappe Chimique (francês) Brochura - 9 de setembro de 2020
Por Prof. Enos Kiremire (Autor)

Catégorisation Des Groupes De Carbonyles: Análise dos grupos de carbonos de metais de transição com o auxílio de números espremidos (francês) Brochura - 19 de março de 2020
Por Enos Kiremire (Autor)
ISBN-10: 6139556287
ISBN-13: 978-6139556281

Uma teoria simples das garras de Zintl e Matryoshka (francês) Brochura - 28 de fevereiro de 2020
Por Enos Kiremire (Autor)
ISBN-10: 613955456x
ISBN-13: 978-6139554560

O Código Secreto: Para a Formação de Carpinteiros de Meios de Transição e Seus Aparentes Expostos (Francês) Brochura - 15 Fev. 2021
Por Enos Kiremire (Autor)
ISBN 10: 6203330620
ISBN 13: 9786203330625
Editora: Edições Notre Savoir, 2021

O Código Geheim: A construção de um metal carbonílico e a sua utilização (Alemão) Brochura - 15 Fev. 2021
Por Enos Kiremire (Autor)

ISBN-10: 6203330604
ISBN-13: 978-6203330601

A Topologia Natural dos Aglomerados Químicos: Baseado em Valências Esqueléticas e Triângulos Brochura - 13 Jan. 2021
Por Prof. Enos Kiremire (Autor)
ISBN-10: 6203201723
ISBN-13: 978-6203201727

A Arte das Distribuições de Carga e Ligante: Em Íons Zintl e Outros Aglomerados Brochura - 26 Fev. 2021
Por Prof. Enos Kiremire (Autor)
ISBN-10: 6203464058
ISBN-13: 978-6203464054

A nova teoria de cluster como um companheiro vital para cristal de raio-X refinado: análise estrutural de clusters químicos Brochura - 11 de fevereiro de 2021
Por Enos Kiremire (Autor)
ISBN-10: 620340991x
ISBN-13: 978-6203409918

O conceito de um núcleo de aglomerado químico: O conceito de um núcleo de aglomerado químico
Kiremire, Prof. Enos
ISBN 10: 6202556528
ISBN 13: 9786202556521
Editora: Lap Lambert Academic Publishing, 2020

O Grupo Principal e os Elementos Metálicos de Transição: E Seus Aglomerados Obedecem Ao Princípio Da Série S=4n+Q E Seus Números Esqueléticos Brochura - 17 abril 2020
Por Enos Kiremire (Autor)
ISBN-10: 620252605x
ISBN-13: 978-6202526050

A Prova de A Dupla Cobertura de Aglomerados Químicos: Clusters Brochura - 26 Mar. 2020
Por Enos Kiremire (Autor)
ISBN-10: 6202517484
ISBN-13: 978-6202517485

Números esqueléticos e ligações na simetria de cluster Brochura - 22 de dezembro de 2020
Por Enos Masheija Rwantale Kiremire (Autor)
ISBN-10: 6203197637
ISBN-13: 978-6203197631

A Topologia Natural dos Aglomerados Químicos: Baseado em Valências Esqueléticas e Triângulos Brochura - 13 Jan. 2021
Por Prof. Enos Kiremire (Autor)
ISBN-10: 6203201723
ISBN-13: 978-6203201727

A valência esquelética e o parâmetro K(N)
ISBN-13: 978-620-3-58032-7
ISBN-10: 6203580325

Categorização e Identificação de Centros Catalíticos Metálicos
27-04-2021
Autor: Enos Kiremire
ISBN-13: 978-620-3-85517-3
ISBN-10: 6203855170
Introdução à teoria dos anéis de aglomerados químicos Brochura - 21 Dez. 2021
Enos Masheija Rwantale Kiremire (Autor)
Editora: Lap Lambert Academic Publishing (21 de dezembro de 2021)
ISBN-10: 6204732323
ISBN-13: 978-6204732329

A análise de metalocarboranos
Prof. Enos Masheija Rwantale Kiremire
Editora: Lap Lambert Academic Publishing (27 Jan. 2022)
ISBN-13: 978-620-4-73999-1
ISBN-10: 6204739999

Categorias de produtos de Cartografia de Cartografia: Analiza Metalowych Klastrów Karbonylowych Z Wykorzystaniem Numerów Szkieletowych (Edição polaca)
Kiremire Enos
ISBN 10: 6200547920
ISBN 13: 9786200547927
Editora: Wydawnictwo Bezkresy Wiedzy, 2020

Dowód Na Podwójne Ograniczenie Klastrów Chemicznych: Clusters (polaco) Brochura - 6 abril 2020
Por Enos Kiremire (Autor)
ISBN-10: 6200852537
ISBN-13: 978-6200852533

2tajny Kod: Do Tworzenia Karbonyli Metali Przejściowych I Ich Pochodnych Narażonych (polonês) Brochura - 15 de fevereiro de 2021
Por Enos Kiremire (Autor)
ISBN-10: 6203330655
ISBN-13: 978-6203330656

Koncepcja Chemicznego Jądra Klastra (polaco) Brochura - 9 de setembro de 2020
Por Prof. Enos Kiremire (Autor)
ISBN-10: 6200986819
ISBN-13: 978-6200986818

Znego Jądra Klastra (polaco) Brochura - 9 de setembro de 2020
Por Prof. Enos Kiremire (Autor)
ISBN-10: 6200986819
ISBN-13: 978-6200986818

Il Concetto Di Nucleo Di Un Ammasso Chimico (italiano) Brochura - 9 de setembro de 2020
Por Prof. Enos Kiremire (Autor)
ISBN-10: 6200986797
ISBN-13: 978-6200986795

La Prova Della Doppia Copertura Dei Cluster Chimici: Clusters (italiano) Brochura - 6 de abril de 2020
Por Enos Kiremire (Autor)
ISBN-10: 6200852464
ISBN-13: 978-6200852465

Una Semplice Teoria Dei Grafici Dei Cluster Zintl E Matryoshka (italiano) Brochura - 2 Mar. 2020
Por Enos Kiremire (Autor)
ISBN-10: 6200558604
ISBN-13: 978-6200558602

Categorização de Aglomerados de Carbono: Analisi Dei Gruppi Carbonilici Metallici Di Transizione Utilizzando I Numeri Scheletrici (italiano) Brochura - 19 Mar. 2020
Por Enos Kiremire (Autor)
ISBN-10: 6200559805
ISBN-13: 978-6200559807

Il Codice Segreto (italiano) Brochura - 15 Fev. 2021
Por Enos Kiremire (Autor)
ISBN-10: 6203330639
ISBN-13: 978-6203330632

Boranes e a valência esquelética de cinco
Kiremire Enos
ISBN 10: 6200787743
ISBN 13: 9786200787743
Editora: Lap Lambert Academic Publishing, 2020

A prova da dupla cobertura dos aglomerados químicos: Aglomerados
Kiremire Enos
ISBN 10: 6202517484
ISBN 13: 9786202517485
Editora: Lap Lambert Academic Publishing, 2020

Números esqueléticos e ligações na simetria de aglomerados
Kiremire Enos Masheija Ruantale
ISBN 10: 6203197637
ISBN 13: 9786203197631
Editora: Lap Lambert Academic Publishing, 2020

O Conceito De Um Núcleo De Agregados Químicos (Português) Brochura - 9 Set. 2020
Por Prof. Enos Kiremire (Autor)
ISBN-10: 6200986827
ISBN-13: 978-6200986825

A Prova Do Duplo Nivelamento Dos Aglomerados Químicos: Clusters (Português) Brochura - 6 abril 2020
Por Enos Kiremire (Autor)
ISBN-10: 6200852553
ISBN-13: 978-6200852557

Categorização Dos Clusters De Carbonil: Análise De Clusters De Carbonilo De Transição De Metal Usando Números Esqueletais (Português) Brochura - 19 Mar. 2020
Por Enos Kiremire (Autor)
ISBN-10: 6200581312
ISBN-13: 978-6200581310

O Código Secreto: Para A Formação De Carbonos Metálicos De Transição E Seus Pais Expostos (Português) Brochura - 15 Fev. 2021
Por Enos Kiremire (Autor)
Publicado por Globeedit, Estados Unidos, 2020
ISBN-10: 6203330663
ISBN-13: 978-6203330663

Categorização De Hidrocarbonetos E Função Geradora Intrínseca: De aglomerados químicos Brochura - 28 de outubro de 2020 Por Prof. Enos Kiremire (Autor)
ISBN 10: 6203025658
ISBN 13: 9786203025651
Editora: Lap Lambert Academic Publishing, 2020

Uma teoria simples das garras de Zintl e Matryoshka (Edição francesa)
Kiremire Enos
Publicado por Éditions Universitaires Européennes (2020)
ISBN 10: 613955456x
ISBN 13: 9786139554560

Le Code Secret: Pour La Formation De Carbonyles De Métaux De Transition Et Leurs Apparentés Exposés (French Edition)
Kiremire Enos
ISBN 10: 6203330620
ISBN 13: 9786203330625
Editora: Edições Notre Savoir, 2021

A Preuve do Duplo Plafonamento dos Aglomerados Químicos: Clusters (Edição francesa)
Kiremire Enos
ISBN 10: 6200852405
ISBN 13: 9786200852403
Editora: Sciencia Scripts, 2020

Le Concept De Noyau De Grappe Chimique (francês) Brochura - 9 de setembro de 2020
Por Prof. Enos Kiremire (Autor)

Catégorisation Des Groupes De Carbonyles: Análise de grupos de carbonos de metais de transição com o auxílio de números espremidos (francês) Brochura - 19 de março de 2020
Por Enos Kiremire (Autor)
ISBN-10: 6139556287
ISBN-13: 978-6139556281

Uma teoria simples das garras de Zintl e Matryoshka (francês) Brochura - 28 de fevereiro de 2020
Por Enos Kiremire (Autor)
ISBN-10: 613955456x
ISBN-13: 978-6139554560

O Código Secreto: Para a Formação de Carpinteiros de Meios de Transição e Seus Aparentes Expostos (Francês) Brochura - 15 Fev. 2021
Por Enos Kiremire (Autor)
ISBN 10: 6203330620
ISBN 13: 9786203330625
Editora: Edições Notre Savoir, 2021

O Código Geheim: A construção de um metal carbonílico e a sua utilização (Alemão) Brochura - 15 Fev. 2021
Por Enos Kiremire (Autor)
ISBN-10: 6203330604
ISBN-13: 978-6203330601

A Topologia Natural dos Aglomerados Químicos: Baseado em Valências Esqueléticas e Triângulos Brochura - 13 Jan. 2021
Por Prof. Enos Kiremire (Autor)
ISBN-10: 6203201723
ISBN-13: 978-6203201727

A Arte das Distribuições de Carga e Ligante: Em Íons Zintl e Outros Aglomerados Brochura - 26 Fev. 2021
Por Prof. Enos Kiremire (Autor)
ISBN-10: 6203464058
ISBN-13: 978-6203464054

A nova teoria do cluster como um companheiro vital para o cristal de raios-X refinado: análise estrutural de clusters químicos Brochura - 11 de fevereiro de 2021
Por Enos Kiremire (Autor)
ISBN-10: 620340991x
ISBN-13: 978-6203409918

O conceito de um núcleo de aglomerado químico
Kiremire, Prof. Enos
ISBN 10: 6202556528
ISBN 13: 9786202556521
Editora: Lap Lambert Academic Publishing, 2020

O Grupo Principal e os Elementos Metálicos de Transição: E Seus Aglomerados Obedecem Ao Princípio Da Série S=4n+Q E Seus Números Esqueléticos Brochura - 17 abril 2020
Por Enos Kiremire (Autor)
ISBN-10: 620252605x
ISBN-13: 978-6202526050

A Prova de A Dupla Cobertura de Aglomerados Químicos: Clusters Brochura - 26 Mar. 2020
Por Enos Kiremire (Autor)
ISBN-10: 6202517484
ISBN-13: 978-6202517485

Números esqueléticos e ligações na simetria de cluster Brochura - 22 de dezembro de 2020
Por Enos Masheija Rwantale Kiremire (Autor)
ISBN-10: 6203197637
ISBN-13: 978-6203197631

A Topologia Natural dos Aglomerados Químicos: Baseado em Valências Esqueléticas e Triângulos Brochura - 13 Jan. 2021
Por Prof. Enos Kiremire (Autor)
ISBN-10: 6203201723
ISBN-13: 978-6203201727

A valência esquelética e o parâmetro K(N)
ISBN-13: 978-620-3-58032-7
ISBN-10: 6203580325

Categorização e Identificação de Centros Catalíticos Metálicos
27-04-2021
Autor: Enos Kiremire
ISBN-13: 978-620-3-85517-3
ISBN-10: 6203855170

Introdução à teoria dos anéis de aglomerados químicos Brochura - 21 Dez. 2021
Enos Masheija Rwantale Kiremire (Autor)
Editora: Lap Lambert Academic Publishing (21 de dezembro de 2021)
ISBN-10: 6204732323
ISBN-13: 978-6204732329

A análise de metalocarboranos
Prof. Enos Masheija Rwantale Kiremire
Editora: Lap Lambert Academic Publishing (27 Jan. 2022)
ISBN-13: 978-620-4-73999-1
ISBN-10: 6204739999

Vyyavlena Yadernaya Zona Himicheskih Klasterov
Enos Masheiq R. Kiremire
Publicado por Sciencia Scripts
ISBN 10: 6205058235
ISBN 13: 9786205058237

Mosteiro do Himicheskie S Yadernymi Centrami
Enos Masheiq R. Kiremire
Publicado por Sciencia Scripts
ISBN 10: 6205058111
ISBN 13: 9786205058114

Relações Isolobais de Hidrocarbonetos: Com Boranos e Aglomerados de Carbonilo Metálico
Enos Masheija Rwantale Kiremire
Publicado por Lap Lambert Academic Publishing, 2022
ISBN 10: 6204744976
ISBN 13: 9786204744971

As Relações Isolobálticas dos Hidrocarbonetos: Com Boranos e Aglomerados Metal-Carbónico
Enos Masheija Rwantale Kiremire
Publicado por Editions Notre Savoir, 2022

ISBN 10: 6205054779
ISBN 13: 9786205054772

Relações Isoladas De Hidrocarbonetos: Com Boranos E Grupos Carbonílicos Metálicos
Enos Masheija Rwantale Kiremire
Publicado por Edições Nosso Conhecimento, 2022
ISBN 10: 6205053926
ISBN 13: 9786205053928

Relações Isolobais Dos Hidrocarbonetos: Com Boranos e Grupos de Carbonos Metálicos
Enos Masheija Rwantale Kiremire
Publicado por Ediciones Nuestro Conocimiento, 2022
ISBN 10: 6205054396
ISBN 13: 9786205054390

Relações Isolobiche Degli Idrocarburi: Com Borani E Cluster Carbonilici Metallici
Enos Masheija Rwantale Kiremire
Publicado por Edizioni Sapienza, 2022
ISBN 10: 6205053934
ISBN 13: 9786205053935

A Zona Nuclear das Agrupaciones Quã Micas Revelã
Prof. Enos Masheija R. Kiremire
Publicado por Ediciones Nuestro Conocimiento, 2022
ISBN 10: 6205058197
ISBN 13: 9786205058190

A Zona Nuclear Dos Aglomerados Quã Micos Revelados
Kiremire, Prof. Enos Masheija R.
Publicado por Edi?Es Nosso Conhecimento, 2022
ISBN 10: 6205058227
ISBN 13: 9786205058220

La Zona Nucleare Degli Ammassi Chimici Rivelata
Kiremire, Prof. Enos Masheija R.
Publicado por Edizioni Sapienza, 2022
ISBN 10: 6205058219
ISBN 13: 9786205058213

Revelada a zona nuclear dos aglomerados químicos
Enos Masheija Rwantale Kiremire
Publicado por Lap Lambert Academic Publishing, 2022
ISBN 10: 620498389x
ISBN 13: 9786204983899
La Zona Nucleare Degli Ammassi Chimici Rivelata
Kiremire, Prof. Enos Masheija R.
Publicado por Edizioni Sapienza, 2022
ISBN 10: 6205058219
ISBN 13: 9786205058213

A zona de Kern de Clusters Químicos Aufgedeckt
Enos Masheija R. Kiremire
Publicado por Verlag Unser Wissen, 2022
ISBN 10: 620505812x
ISBN 13: 9786205058121

Cluster Chimici Con Centri Nucleari
Prof. Enos Masheija R. Kiremire
Publicado por Edizioni Sapienza, 2022
ISBN 10: 620505809x
ISBN 13: 9786205058091

Clusters Quã Micos Com Centros Nucleares
Prof. Enos Masheija R. Kiremire
Publicado por Edi?Es Nosso Conhecimento, 2022
ISBN 10: 6205058103
ISBN 13: 9786205058107

As Amas Químicas com os Centros Nucleares de Aires
Prof. Enos Masheija R. Kiremire
Publicado por Editions Notre Savoir, 2022
ISBN 10: 6205058081
ISBN 13: 9786205058084

Aglomerados químicos com centros nucleares
Kiremire, Prof. Enos Masheija Rwantale
Publicado por Lap Lambert Academic Publishing, 2022
ISBN 10: 6204983865
ISBN 13: 9786204983868

Grupos Químicos com Centros Nucleares

Enos Masheija R. Kiremire
Publicado por Ediciones Nuestro Conocimiento, 2022
ISBN 10: 6205058057
ISBN 13: 9786205058053

Aglomerado Químico com Kernzentren
Enos Masheija R. Kiremire
Publicado por Verlag Unser Wissen, 2022
ISBN 10: 6205058049
ISBN 13: 9786205058046

Algumas Leis Naturais Conhecidas dos Aglomerados Químicos
Kiremire, Prof. Enos Masheija Rwantale
ISBN 10: 6207639707 / ISBN 13: 9786207639700
Publicado por Lap Lambert Academic Publishing, 2024

Análise de aglomerados químicos gigantes
Kiremire, Prof. Enos Masheija Rwantale
ISBN 10: 620764977x / ISBN 13: 9786207649778
Publicado por Lap Lambert Academic Publishing, 2024

Aglomerados químicos de números esqueléticos a índices de cobertura
Enos Masheija Rwantale Kiremire
ISBN 10: 6207997816 / ISBN 13: 9786207997817
Publicado por Lap Lambert Academic Publishing Aug 2024, 2024

Análise qualitativa de iões Zintl
Enos Masheija Rwantale Kiremire
ISBN 10: 6207843290 / ISBN 13: 9786207843299
Publicado por Lap Lambert Academic Publishing Aug 2024, 2024

Aglomerados moleculares de ouro como precursores da catálise heterogénea.
J. Kilmartin, Tese de Doutoramento, 2010

ÍNDICE DE CONTEÚDOS

MIX
Papier aus verantwortungsvollen Quellen
Paper from responsible sources
FSC® C105338

Printed by Books on Demand GmbH, Norderstedt / Germany